사고력도 탄탄! 창의력도 탄탄!
수학 일등의 지름길 「기탄사고력수학」

♛ 단계별·능력별 프로그램식 학습지입니다

유아부터 초등학교 6학년까지 각 단계별로 4~6권씩 총 52권으로 구성되었으며, 처음 시작할 때 나이와 학년에 관계없이 능력별 수준에 맞추어 학습하는 프로그램식 학습지입니다.

♛ 사고력·창의력을 키워 주는 수학 학습지입니다

다양한 사고 단계를 거쳐 문제 해결력을 높여 주며, 개념과 원리를 이해하도록 하여 수학적 사고력을 키워 줍니다. 또 수학적 사고를 바탕으로 스스로 생각하고 깨닫는 창의력을 키워 줍니다.

♛ 유아 과정은 물론 초등학교 수학의 전 영역을 골고루 학습합니다

운필력, 공간 지각력, 수 개념 등 유아 과정부터 시작하여, 초등학교 과정인 수와 연산, 도형 등 수학의 전 영역을 골고루 다루어, 자녀들의 수학적 사고의 폭을 넓히는 데 큰 도움을 줍니다.

♛ 학습 지도 가이드와 다양한 학습 성취도 평가 자료를 수록했습니다

매주, 매달, 매 단계마다 학습 목표에 따른 지도 내용과 지도 요점, 완벽한 해설을 제공하여 학부모님께서 쉽게 지도하실 수 있습니다. 창의력 문제와 수학 경시 대회 예상 문제를 단계별로 수록, 수학 실력을 완성시켜 줍니다.

♛ 과학적 학습 분량으로 공부하는 습관이 몸에 배입니다

하루 10~20분 정도의 과학적 학습량으로 공부에 싫증을 느끼지 않게 하고, 학습에 자신감을 가지도록 하였습니다. 매일 일정 시간 꾸준하게 공부하도록 하면, 시키지 않아도 공부하는 습관이 몸에 배게 됩니다.

What?

「기탄사고력수학」은
체계적이고 장기적인 프로그램으로
꾸준히 학습하면 반드시 성적으로 보답합니다

✿ 스몰 스텝(Small Step)방식으로 꾸준히 학습하면 성적이 올라갑니다

「기탄사고력수학」은 단순히 문제만 나열한 문제집이 아닙니다. 체계적이고 장기적인 학습프로그램을 통해 수학적 사고력과 창의력을 완성시켜 주는 스몰 스텝(Small Step)방식으로 꾸준히 학습하면 반드시 성적이 올라갑니다.

✿ 하루 3장, 10~20분씩 규칙적으로 학습하게 하세요

매일 일정 시간에 일정한 학습량을 꾸준히 재미있게 해야만 학습효과를 높일 수 있습니다. 주별로 분철하기 쉽게 제본되어 있으니, 교재를 구입하시면 먼저 분철하여 일주일 학습 분량만 자녀들에게 나누어 주세요. 그래야만 아이들이 학습 성취감과 자신감을 가질 수 있습니다.

✿ 자녀들의 수준에 알맞은 교재를 선택하세요

〈기탄사고력수학〉은 유아에서 초등학교 6학년까지, 나이와 학년에 관계없이 학습 난이도별로 자신의 능력에 맞는 단계를 선택하여 시작하는 능력별 교재입니다. 그러나 자녀의 수준보다 1~2단계 낮춘 교재부터 시작하면 학습에 더욱 자신감을 갖게 되어 효과적입니다.

교재 구분	교재 구성	대 상
A단계 교재	1, 2, 3, 4집	4세 ~ 5세 아동
B단계 교재	1, 2, 3, 4집	5세 ~ 6세 아동
C단계 교재	1, 2, 3, 4집	6세 ~ 7세 아동
D단계 교재	1, 2, 3, 4집	7세 ~ 초등학교 1학년
E단계 교재	1, 2, 3, 4, 5, 6집	초등학교 1학년
F단계 교재	1, 2, 3, 4, 5, 6집	초등학교 2학년
G단계 교재	1, 2, 3, 4, 5, 6집	초등학교 3학년
H단계 교재	1, 2, 3, 4, 5, 6집	초등학교 4학년
I 단계 교재	1, 2, 3, 4, 5, 6집	초등학교 5학년
J단계 교재	1, 2, 3, 4, 5, 6집	초등학교 6학년

「기탄사고력수학」으로
수학 성적 올리는 *일등비법*을 공개합니다

✻ 문제를 먼저 풀어 주지 마세요

기탄사고력수학은 직관(전체 감지)을 논리(이론과 구체 연결)로 발전시켜 답을 구하도록 구성되었습니다. 쉽게 문제를 풀지 못하더라도 노력하는 과정에서 더 많은 것을 얻을 수 있으니, 약간의 힌트 외에는 자녀가 스스로 끝까지 문제를 풀어 나갈 수 있도록 격려해 주세요.

✻ 교재는 이렇게 활용하세요

먼저 자녀들의 능력에 맞는 교재를 선택하세요. 그리고 일주일 분량씩 분철하여 매일 3장씩 풀 수 있도록 해 주세요. 한꺼번에 많은 양의 교재를 주시면 어린이가 부담을 느껴서 학습을 미루거나 포기하기 쉽습니다. 적당한 양을 매일매일 학습하도록 하여 수학 공부하는 재미를 느낄 수 있도록 해 주세요.

✻ 교재 학습 과정을 꼭 지켜 주세요

한 주 학습이 끝날 때마다 창의력 문제와 경시 대회 예상 문제를 꼭 풀고 넘어가도록 해 주시고, 한 권(한 달 과정)이 끝나면 성취도 테스트와 종료 테스트를 통해 스스로 실력을 가늠해 볼 수 있도록 도와 주세요. 문제를 다 풀면 반드시 해답지를 이용하여 정확하게 채점해 주시고, 틀린 문제를 체크해 놓았다가 다음에는 확실히 풀 수 있도록 지도해 주세요.

✻ 자녀의 학습 관리를 게을리 하지 마세요

수학적 사고는 하루 아침에 생겨나는 것이 아닙니다. 날마다 꾸준히 규칙적으로 학습해 나갈 때에만 비로소 수학적 사고의 기틀이 마련되는 것입니다. 교육은 사랑입니다. 자녀가 학습한 부분을 어머니께서 꼭 확인하시면서 사랑으로 돌봐 주세요. 부모님의 관심 속에서 자란 아이들만이 성적 향상은 물론 이 사회에서 꼭 필요한 인격체로 성장해 나갈 수 있다는 것도 잊지 마세요.

기탄사고력수학 교재별 학습 내용

A 단계 교재

A - ❶ 교재

나와 가족에 대하여 알기
바른 행동 알기
다양한 선 그리기
다양한 사물 색칠하기
○△□ 알기
똑같은 것 찾기
빠진 것 찾기
종류가 같은 것과 다른 것 찾기
관찰력, 논리력, 사고력 키우기

A - ❷ 교재

필요한 물건 찾기
관계 있는 것 찾기
다양한 기준에 따라 분류하기
(종류, 용도, 모양, 색깔, 재질, 계절, 성질 등)
두 가지 기준에 따라 분류하기
다섯까지 세기
변별력 키우기
미로 통과하기

A - ❸ 교재

다양한 기준으로 비교하기
(길이, 높이, 양, 무게, 크기, 두께, 넓이, 속도, 깊이 등)
시간의 순서 비교하기
반대 개념 알기
3까지의 숫자 배우기
그림 퍼즐 맞추기
미로 통과하기

A - ❹ 교재

최상급 개념 알기
다양한 기준으로 순서 짓기 (크기, 시간, 길이, 두께 등)
네 가지 이상 비교하기
이중 서열 알기
ABAB, ABCABC의 규칙성 알기
다양한 규칙 이해하기
부분과 전체 알기
5까지의 숫자 배우기
일대일 대응, 일대다 대응 알기
미로 통과하기

B 단계 교재

B - ❶ 교재

열까지 세기
9까지의 숫자 배우기
사물의 기본 모양 알기
모양 구성하기
모양 나누기와 합치기
같은 모양, 짝이 되는 모양 찾기
위치 개념 알기 (위, 아래, 앞, 뒤)
위치 파악하기

B - ❷ 교재

9까지의 수량, 수 단어, 숫자 연결하기
구체물을 이용한 수 익히기
반구체물을 이용한 수 익히기
위치 개념 알기 (안, 밖, 왼쪽, 가운데, 오른쪽)
다양한 위치 개념 알기
시간 개념 알기 (낮, 밤)
구체물을 이용한 수와 양의 개념 알기
(같다, 많다, 적다)

B - ❸ 교재

순서대로 숫자 쓰기
거꾸로 숫자 쓰기
1 큰 수와 2 큰 수 알기
1 작은 수와 2 작은 수 알기
반구체물을 이용한 수와 양의 개념 알기
보존 개념 익히기
여러 가지 단위 배우기

B - ❹ 교재

순서수 알기
사물의 입체 모양 알기
입체 모양 나누기
두 수의 크기 비교하기
여러 수의 크기 비교하기
0의 개념 알기
0부터 9까지의 수 익히기

단계 교재

C – ❶ 교재	C – ❷ 교재
구체물을 통한 수 가르기 반구체물을 통한 수 가르기 숫자를 도입한 수 가르기 구체물을 통한 수 모으기 반구체물을 통한 수 모으기 숫자를 도입한 수 모으기	수 가르기와 모으기 여러 가지 방법으로 수 가르기 수 모으고 다시 수 가르기 수 가르고 다시 수 모으기 더해 보기 세로로 더해 보기 빼 보기 세로로 빼 보기 더해 보기와 빼 보기 바꾸어서 셈하기
C – ❸ 교재	**C – ❹ 교재**
길이 측정하기　　높이 측정하기 넓이 측정하기　　크기 측정하기 둘레 측정하기　　무게 측정하기 부피 측정하기　　들이 측정하기 활동 시간 알아보기　시간의 순서 알아보기 여러 가지 측정하기	열 개 열 개 만들어 보기 열 개 묶어 보기 자리 알아보기 수 '10' 알아보기 10의 크기 알아보기 더하여 10이 되는 수 알아보기 열다섯까지 세어 보기 스물까지 세어 보기

단계 교재

D – ❶ 교재	D – ❷ 교재
수 11~20 알기 11~20까지의 수 알기 30까지의 수 알아보기 자릿값을 이용하여 30까지의 수 나타내기 40까지의 수 알아보기 자릿값을 이용하여 40까지의 수 나타내기 자릿값을 이용하여 50까지의 수 나타내기 50까지의 수 알아보기	상자 모양, 공 모양, 둥근기둥 모양 알아보기 공간 위치 알아보기 입체도형으로 모양 만들기 여러 방향에서 본 모습 관찰하기 평면도형 알아보기 선대칭 모양 알아보기 모양 만들기와 탱그램
D – ❸ 교재	**D – ❹ 교재**
덧셈 이해하기 100이 되는 더하기 여러 가지로 더해 보기 덧셈 익히기 뺄셈 이해하기 10에서 빼기 여러 가지로 빼 보기 뺄셈 익히기	조사하여 기록하기 그래프의 이해 그래프의 활용 분수의 이해 시간 느끼기 사건의 순서 알기 소요 시간 알아보기 달력 보기 시계 보기 활동한 시간 알기

E 단계 교재

E - ❶ 교재	E - ❷ 교재	E - ❸ 교재
사물의 개수를 세어 보고 1, 2, 3, 4, 5 알아보기 0의 개념과 0~5까지의 수의 순서 알기 하나 더 많다, 적다의 개념 알기 두 수의 크기 비교하기 사물의 개수를 세어 보고 6, 7, 8, 9 알아보기 0~9까지의 수의 순서 알기 하나 더 많다, 적다의 개념 알기 두 수의 크기 비교하기 여러 가지 모양 알아보기, 찾아보기, 만들어 보기 규칙 찾기	두 수로 가르기 두 수를 모으기 가르기와 모으기 덧셈식 알아보기 뺄셈식 알아보기 길이 비교해 보기 높이 비교해 보기 들이 비교해 보기 무게 비교해 보기 넓이 비교해 보기	수 10(십) 알아보기 19까지의 수 알아보기 몇십과 몇십 몇 알아보기 물건의 수 세기 50까지 수의 순서 알아보기 두 수의 크기 비교하기 분류하기 분류하여 세어 보기

E - ❹ 교재	E - ❺ 교재	E - ❻ 교재
수 60, 70, 80, 90 99까지의 수 수의 순서 두 수의 크기 비교 여러 가지 모양 알아보기, 찾아보기 여러 가지 모양 만들기, 그리기 규칙 찾기 10을 두 수로 가르기 10이 되도록 두 수를 모으기	10이 되는 더하기 10에서 빼기 세 수의 덧셈과 뺄셈 (몇십)+(몇), (몇십 몇)+(몇), (몇십 몇)+(몇십 몇) (몇십 몇)-(몇), (몇십 몇)-(몇십 몇) 긴바늘, 짧은바늘 알아보기 몇 시 알아보기 몇 시 30분 알아보기	세 수의 덧셈 받아올림이 있는 (몇)+(몇) 받아내림이 있는 (십 몇)-(몇) 세 수의 계산 덧셈식, 뺄셈식 만들기 □가 있는 덧셈식, 뺄셈식 만들기 여러 가지 방법으로 해결하기

F 단계 교재

F - ❶ 교재	F - ❷ 교재	F - ❸ 교재
백(100)과 몇백(200, 300, ……)의 개념 이해 세 자리 수와 뛰어 세기의 이해 세 자리 수의 크기 비교 받아올림이 있는 (두 자리 수)+(한 자리 수)의 계산 받아내림이 있는 (두 자리 수)-(한 자리 수)의 계산 세 수의 덧셈과 뺄셈 선분과 직선의 차이 이해 사각형, 삼각형, 원 등의 여러 가지 모양 쌓기나무로 똑같이 쌓아 보고 여러 가지 모양 만들기 배열 순서에 따라 규칙 찾아내기	받아올림이 있는 (두 자리 수)+(두 자리 수)의 계산 받아내림이 있는 (두 자리 수)-(두 자리 수)의 계산 여러 가지 방법으로 계산하고 세 수의 혼합 계산 길이 비교와 단위길이의 비교 길이의 단위(cm) 알기 길이 재기와 길이 어림하기 어떤 수를 □로 나타내기 덧셈식·뺄셈식에서 □의 값 구하기 어떤 수를 구하는 식 만들기 식에 알맞은 문제 만들기	시각 읽기 시각과 시간의 차이 알기 하루의 시간 알기 달력을 보며 1년 알기 몇 시 몇 분 전 알기 반 시간 알기 묶어 세기 몇 배 알아보기 더하기를 곱하기로 나타내기 덧셈식과 곱셈식으로 나타내기

F - ❹ 교재	F - ❺ 교재	F - ❻ 교재
2~9의 단 곱셈구구 익히기 1의 단 곱셈구구와 0의 곱 곱셈표에서 규칙 찾기 받아올림이 없는 세 자리 수의 덧셈 받아내림이 없는 세 자리 수의 뺄셈 여러 가지 방법으로 계산하기 미터(m)와 센티미터(cm) 길이 재기 길이 어림하기 길이의 합과 차	받아올림이 있는 세 자리 수의 덧셈 받아내림이 있는 세 자리 수의 뺄셈 여러 가지 방법으로 덧셈·뺄셈하기 세 수의 혼합 계산 똑같이 나누기 전체와 부분의 크기 분수의 쓰기와 읽기 분수만큼 색칠하고 분수로 나타내기 표와 그래프로 나타내기 조사하여 표와 그래프로 나타내기	□가 있는 곱셈식을 만들어 문제 해결하기 규칙을 찾아 문제 해결하기 거꾸로 생각하여 문제 해결하기

단계 교재 (G)

G - ❶ 교재	G - ❷ 교재	G - ❸ 교재
1000의 개념 알기 몇천, 네 자리 수 알기 수의 자릿값 알기 뛰어 세기, 두 수의 크기 비교 세 자리 수의 덧셈 덧셈의 여러 가지 방법 세 자리 수의 뺄셈 뺄셈의 여러 가지 방법 각과 직각의 이해 직각삼각형, 직사각형, 정사각형의 이해	똑같이 묶어 덜어 내기와 똑같게 나누기 나눗셈의 몫 곱셈과 나눗셈의 관계 나눗셈의 몫을 구하는 방법 나눗셈의 세로 형식 곱셈을 활용하여 나눗셈의 몫 구하기 평면도형 밀기, 뒤집기, 돌리기 평면도형 뒤집고 돌리기 (몇십)×(몇)의 계산 (두 자리 수)×(한 자리 수)의 계산	분수만큼 알기와 분수로 나타내기 몇 개인지 알기 분수의 크기 비교 mm 단위를 알기와 mm 단위까지 길이 재기 km 단위를 알기 km, m, cm, mm의 단위가 있는 길이의 합과 차 구하기 시각과 시간의 개념 알기 1초의 개념 알기 시간의 합과 차 구하기

G - ❹ 교재	G - ❺ 교재	G - ❻ 교재
(네 자리 수)+(세 자리 수) (네 자리 수)+(네 자리 수) (네 자리 수)−(세 자리 수) (네 자리 수)−(네 자리 수) 세 수의 덧셈과 뺄셈 (세 자리 수)×(한 자리 수) (몇십)×(몇십) / (두 자리 수)×(몇십) (두 자리 수)×(두 자리 수) 원의 중심과 반지름 / 그리기 / 지름 / 성질	(몇십)÷(몇) 내림이 없는 (몇십 몇)÷(몇) 나눗셈의 몫과 나머지 나눗셈식의 검산 / (몇십 몇)÷(몇) 들이 / 들이의 단위 들이의 어림하기와 합과 차 무게 / 무게의 단위 무게의 어림하기와 합과 차 0.1 / 소수 알아보기 소수의 크기 비교하기	막대그래프 막대그래프 그리기 그림그래프 그림그래프 그리기 알맞은 그래프로 나타내기 규칙을 정해 무늬 꾸미기 규칙을 찾아 문제 해결 표를 만들어서 문제 해결 예상과 확인으로 문제 해결

단계 교재 (H)

H - ❶ 교재	H - ❷ 교재	H - ❸ 교재
만 / 다섯 자리 수 / 십만, 백만, 천만 억 / 조 / 큰 수 뛰어서 세기 두 수의 크기 비교 100, 1000, 10000, 몇백, 몇천의 곱 (세,네 자리 수)×(두 자리 수) 세 수의 곱셈 / 몇십으로 나누기 (두,세 자리 수)÷(두 자리 수) 각의 크기 / 각 그리기 / 각도의 합과 차 삼각형의 세 각의 크기의 합 사각형의 네 각의 크기의 합	이등변삼각형 / 이등변삼각형의 성질 정삼각형 / 예각과 둔각 예각삼각형 / 둔각삼각형 덧셈, 뺄셈 또는 곱셈, 나눗셈이 섞여 있는 혼합 계산 덧셈, 뺄셈, 곱셈, 나눗셈이 섞여 있는 혼합 계산 ( ), { }가 있는 혼합 계산 분수와 진분수 / 가분수와 대분수 대분수를 가분수로, 가분수를 대분수로 나타내기 분모가 같은 분수의 크기 비교	소수 소수 두 자리 수 소수 세 자리 수 소수 사이의 관계 소수의 크기 비교 규칙을 찾아 수로 나타내기 규칙을 찾아 글로 나타내기 새로운 무늬 만들기

H - ❹ 교재	H - ❺ 교재	H - ❻ 교재
분모가 같은 진분수의 덧셈 분모가 같은 대분수의 덧셈 분모가 같은 진분수의 뺄셈 분모가 같은 대분수의 뺄셈 분모가 같은 대분수와 진분수의 덧셈과 뺄셈 소수의 덧셈 / 소수의 뺄셈 수직과 수선 / 수선 긋기 평행선 / 평행선 긋기 평행선 사이의 거리	사다리꼴 / 평행사변형 / 마름모 직사각형과 정사각형의 성질 다각형과 정다각형 / 대각선 여러 가지 모양 만들기 여러 가지 모양으로 덮기 직사각형과 정사각형의 둘레 $1cm^2$ / 직사각형과 정사각형의 넓이 여러 가지 도형의 넓이 이상과 이하 / 초과와 미만 / 수의 범위 올림과 버림 / 반올림 / 어림의 활용	꺾은선그래프 꺾은선그래프 그리기 물결선을 사용한 꺾은선그래프 물결선을 사용한 꺾은선그래프 그리기 알맞은 그래프로 나타내기 꺾은선그래프의 활용 두 수 사이의 관계 두 수 사이의 관계를 식으로 나타내기 문제를 해결하고 풀이 과정을 설명하기

단계 교재

I - ❶ 교재	I - ❷ 교재	I - ❸ 교재
약수 / 배수 / 배수와 약수의 관계	세 분수의 덧셈과 뺄셈	평행사변형의 넓이
공약수와 최대공약수	(진분수)×(자연수) / (대분수)×(자연수)	삼각형의 넓이
공배수와 최소공배수	(자연수)×(진분수) / (자연수)×(대분수)	사다리꼴의 넓이
크기가 같은 분수 알기	(단위분수)×(단위분수)	마름모의 넓이
크기가 같은 분수 만들기	(진분수)×(진분수) / (대분수)×(대분수)	넓이의 단위 m², a
분수의 약분 / 분수의 통분	세 분수의 곱셈 / 합동인 도형의 성질	넓이의 단위 ha, km²
분수의 크기 비교 / 진분수의 덧셈	합동인 삼각형 그리기	넓이의 단위 관계
대분수의 덧셈 / 진분수의 뺄셈	면, 모서리, 꼭짓점	무게의 단위
대분수의 뺄셈 / 세 분수의 덧셈과 뺄셈	직육면체와 정육면체	
	직육면체의 성질 / 겨냥도 / 전개도	

I - ❹ 교재	I - ❺ 교재	I - ❻ 교재
분수와 소수의 관계	(소수)×(자연수) / (자연수)×(소수)	두 수의 크기 비교
분수를 소수로, 소수를 분수로 나타내기	곱의 소수점의 위치	비율
분수와 소수의 크기 비교	(소수)×(소수)	백분율
1÷(자연수)를 곱셈으로 나타내기	소수의 곱셈	할푼리
(자연수)÷(자연수)를 곱셈으로 나타내기	(소수)÷(자연수)	실제로 해 보기와 표 만들기
(진분수)÷(자연수) / (가분수)÷(자연수)	(자연수)÷(자연수)	그림 그리기와 식 만들기
(대분수)÷(자연수)	줄기와 잎 그림	예상하고 확인하기와 표 만들기
분수와 자연수의 혼합 계산	그림그래프	실제로 해 보기와 규칙 찾기
선대칭도형/선대칭의 위치에 있는 도형	평균	
점대칭도형/점대칭의 위치에 있는 도형	자료를 그래프로 나타내고 설명하기	

단계 교재

J - ❶ 교재	J - ❷ 교재	J - ❸ 교재
(자연수)÷(단위분수)	쌓기나무의 개수	비례식
분모가 같은 진분수끼리의 나눗셈	쌓기나무의 각 자리, 각 층별로 나누어	비의 성질
분모가 다른 진분수끼리의 나눗셈	개수 구하기	가장 작은 자연수의 비로 나타내기
(자연수)÷(진분수) / 대분수의 나눗셈	규칙 찾기	비례식의 성질
분수의 나눗셈 활용하기	쌓기나무로 만든 것, 여러 가지 입체도형,	비례식의 활용
소수의 나눗셈 / (자연수)÷(소수)	여러 가지 생활 속 건축물의 위, 앞, 옆	연비
소수의 나눗셈에서 나머지	에서 본 모양	두 비의 관계를 연비로 나타내기
반올림한 몫	원주와 원주율 / 원의 넓이	연비의 성질
입체도형과 각기둥 / 각뿔	띠그래프 알기 / 띠그래프 그리기	비례배분
각기둥의 전개도 / 각뿔의 전개도	원그래프 알기 / 원그래프 그리기	연비로 비례배분

J - ❹ 교재	J - ❺ 교재	J - ❻ 교재
(소수)÷(분수) / (분수)÷(소수)	원기둥의 겉넓이	두 수 사이의 대응 관계 / 정비례
분수와 소수의 혼합 계산	원기둥의 부피	정비례를 활용하여 생활 문제 해결하기
원기둥 / 원기둥의 전개도	경우의 수	반비례
원뿔	순서가 있는 경우의 수	반비례를 활용하여 생활 문제 해결하기
회전체 / 회전체의 단면	여러 가지 경우의 수	그림을 그리거나 식을 세워 문제 해결하기
직육면체와 정육면체의 겉넓이	확률	거꾸로 생각하거나 식을 세워 문제 해결하기
부피의 비교 / 부피의 단위	미지수를 x로 나타내기	표를 작성하거나 예상과 확인을 통하여
직육면체와 정육면체의 부피	등식 알기 / 방정식 알기	문제 해결하기
부피의 큰 단위	등식의 성질을 이용하여 방정식 풀기	여러 가지 방법으로 문제 해결하기
부피와 들이 사이의 관계	방정식의 활용	새로운 문제를 만들어 풀어 보기

사고력도 탄탄! 창의력도 탄탄!

기탄고력수학

G4

G181a ~ G195b

학습 관리표

학습 내용		이번 주는?

덧셈과 뺄셈	· (네 자리 수) + (세 자리 수)
	· (네 자리 수) + (네 자리 수)
	· (네 자리 수) − (세 자리 수)
	· (네 자리 수) − (네 자리 수)
	· 세 수의 덧셈과 뺄셈
	· 창의력 학습
	· 경시대회 예상문제
		• 학습 방법 : ① 매일매일 ② 가끔 ③ 한꺼번에
		  하였습니다.
		• 학습 태도 : ① 스스로 잘 ② 시켜서 억지로
		  하였습니다.
		• 학습 흥미 : ① 재미있게 ② 싫증내며
		  하였습니다.
		• 교재 내용 : ① 적합하다고 ② 어렵다고 ③ 쉽다고
		  하였습니다.

지도 교사가 부모님께		부모님이 지도 교사께
평가	Ⓐ 아주 잘함 Ⓑ 잘함 Ⓒ 보통 Ⓓ 부족함	

원(교)   반   이름   전화

기초부터 탄탄하게
G 기탄교육
www.gitan.co.kr / (02)586-1007(대)

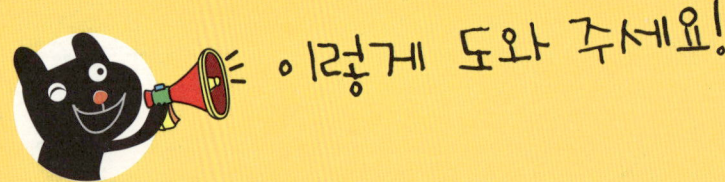
이렇게 도와 주세요!

● 학습 목표

– 받아올림이 여러 번 있는 네 자리 수와 세 자리 수, 네 자리 수와 네 자리 수의 덧셈의 계산 원리를 이해하고 능숙하게 계산할 수 있습니다.

– 받아내림이 여러 번 있는 네 자리 수와 세 자리 수, 네 자리 수와 네 자리 수의 뺄셈의 계산 원리를 이해하고 능숙하게 계산할 수 있습니다.

– 네 자리 수 범위에서 세 수의 덧셈과 뺄셈, 혼합 계산을 여러 가지 방법으로 계산할 수 있습니다.

● 지도 내용

– 받아올림이 여러 번 있는 네 자리 수와 세 자리 수, 네 자리 수와 네 자리 수의 덧셈의 계산 원리를 이해하고 능숙하게 계산하게 합니다.

– 받아내림이 여러 번 있는 네 자리 수와 세 자리 수, 네 자리 수와 네 자리 수의 뺄셈의 계산 원리를 이해하고 능숙하게 계산하게 합니다.

– 네 자리 수 범위에서 세 수의 덧셈과 뺄셈, 혼합 계산을 여러 가지 방법으로 계산하게 합니다.

● 지도 요점

수의 범위가 확장되어 네 자리 수 범위에서 받아올림이 여러 번 있는 덧셈과 받아내림이 여러 번 있는 뺄셈의 계산 원리를 이해하게 하고 이를 형식화하여 계산 기능을 숙달시키는 단계입니다. 이 단계에서 덧셈과 뺄셈이 완성되므로 아무리 큰 수라도 받아올림이나 받아내림에 유의하여 계산할 수 있는 능력을 갖추게 하는 데 중점을 두어 지도합니다. 이를 통하여 생활 속에서 덧셈, 뺄셈이 적용되는 문장제를 해결할 수 있도록 합니다.

★ 이름 :

★ 날짜 :

★ 시간 :　시　분 ~　시　분

확인

◆ (네 자리 수)+(세 자리 수)(1) ◆

😊 다음을 계산하시오. [1~8]

```
1      4 3 6 6
     +   8 7 9
```

```
2      8 7 7 6
     +   4 2 6
```

```
3      7 2 6 8
     +   9 4 7
```

```
4      2 3 4 6
     +   6 6 5
```

```
5      5 9 4 3
     +   1 6 8
```

```
6      1 6 9 9
     +   7 5 4
```

```
7      3 3 8 5
     +   8 3 9
```

```
8      6 0 8 2
     +   9 1 8
```

사고력 학습

G-181b

🐸 다음을 계산하시오. [9~18]

9 2775＋649

10 3978＋248

11 4988＋364

12 6823＋587

13 5379＋939

14 8517＋496

15 7586＋628

16 2994＋757

17 6744＋856

18 4795＋946

★ 이름 :

★ 날짜 :

★ 시간 : 시 분 ~ 시 분

확인

◆ (네 자리 수)+(세 자리 수)(2) ◆

😊 빈 곳에 알맞은 수를 써넣으시오. [1~2]

1
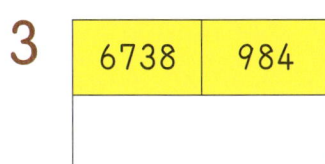

3628 +689 ⬜

2
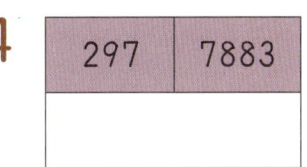

8276 +735 ⬜

😊 빈 곳에 두 수의 합을 써넣으시오. [3~4]

3

6738	984

4

297	7883

5 그림을 보고 ⬜ 안에 알맞은 수를 써넣으시오.

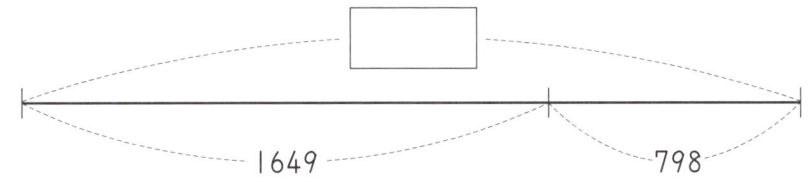

1649   798

6 계산 결과가 같은 것끼리 선으로 이으시오.

3529＋798 ·

3467＋859 ·

· 4325

· 4326

· 4327

7 가장 큰 수와 가장 작은 수의 합을 구하시오.

| 943 | 497 | 4584 |

[답] _____

8 계산 결과가 가장 큰 것을 찾아 기호를 쓰시오.

ㄱ 6975+966
ㄴ 558+7694
ㄷ 7125+895

[답] _____

9 농구장에 입장한 사람은 남자가 1287명, 여자가 969명입니다. 농구장에 입장한 사람은 모두 몇 명입니까?

[식] _____   [답] _____

10 지수네 과수원에서 사과를 어제 1195개 땄고, 오늘은 어제보다 817개 더 땄습니다. 오늘 딴 사과는 모두 몇 개입니까?

[식] _____   [답] _____

★ 이름 :

★ 날짜 :

★ 시간 : 시 분 ~ 시 분

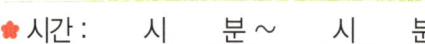

확인

◆ (네 자리 수)+(네 자리 수)(1) ◆

🐸 다음을 계산하시오. [1~8]

1
```
   1 9 7 8
 + 5 2 4 3
```

2
```
   1 2 4 6
 + 1 8 7 9
```

3
```
   4 6 8 3
 + 3 6 7 8
```

4
```
   1 6 8 5
 + 2 4 1 9
```

5
```
   6 5 9 2
 + 2 4 1 9
```

6
```
   4 8 8 5
 + 2 5 9 6
```

7
```
   3 2 6 8
 + 1 7 4 2
```

8
```
   5 9 6 9
 + 3 8 9 3
```

사고력 학습

 다음을 계산하시오. [9~18]

9 1355＋3686

10 2917＋1983

11 4739＋2898

12 3224＋3786

13 5097＋1984

14 1752＋7968

15 4483＋3647

16 4358＋1672

17 2995＋5436

18 6349＋2783

✿ 이름 :

✿ 날짜 :

✿ 시간 : 　시　　분 ~　시　　분

확인

◆ (네 자리 수)+(네 자리 수)(2) ◆

1 빈 곳에 알맞은 수를 써넣으시오.

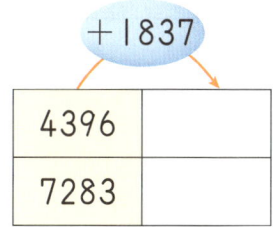

+1837	
4396	
7283	

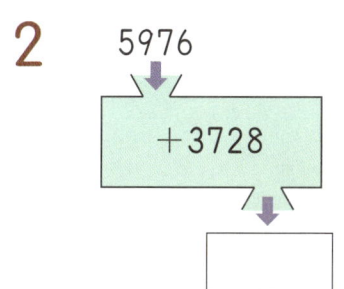 □ 안에 알맞은 수를 써넣으시오. [2~3]

2 5976

+3728

3 2407

+5694

4 계산 결과를 비교하여 ○ 안에 >, =, <를 알맞게 써넣으시오.

4096+3984 ◯ 6217+1889

5 두 수의 합이 7000보다 더 큰 것을 찾아 ○표 하시오.

3967+2997   1642+4379   5895+1106

(   )   (   )   (   )

6 지우네 집에서 서점을 지나 학교까지의 거리는 몇 m입니까?

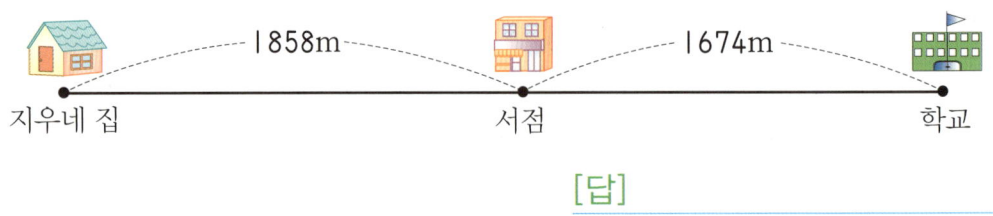

[답]

7 백화점에 토요일에는 **3867**명, 일요일에는 **4259**명이 물건을 사러 왔습니다. 토요일과 일요일에 물건을 사러 온 사람은 모두 몇 명입니까?

[식]　　　　　　　　　　　　　[답]

8 푸른 마을에 사는 사람은 **3784**명이고, 초록 마을에 사는 사람은 푸른 마을에 사는 사람보다 **1247**명 더 많다고 합니다. 초록 마을에 사는 사람은 몇 명입니까?

[식]　　　　　　　　　　　　　[답]

9 어떤 수에서 **3942**를 뺐더니 **5289**가 되었습니다. 어떤 수는 얼마입니까?

[답]

 사고력 학습

★ 이름 :

★ 날짜 :

★ 시간 :　시　분 ~ 　시　분

확인

G-185a

◆ (네 자리 수)-(세 자리 수)(1) ◆

😊 다음을 계산하시오. [1~8]

1
```
   3 5 6 1
 -   5 7 8
```

2
```
   6 0 1 0
 -   7 9 4
```

3
```
   4 4 2 5
 -   6 8 6
```

4
```
   5 1 8 3
 -   9 9 7
```

5
```
   7 2 1 6
 -   7 2 8
```

6
```
   2 3 6 4
 -   6 7 5
```

7
```
   4 7 6 1
 -   8 8 3
```

8
```
   9 0 2 1
 -   4 3 2
```

사고력 학습

G-185b

 다음을 계산하시오. [9~18]

9 1234 − 987

10 2253 − 764

11 6818 − 849

12 5582 − 695

13 4022 − 148

14 3127 − 228

15 7361 − 976

16 6502 − 737

17 8000 − 894

18 9512 − 583

 사고력 학습

♣ 이름 :

♣ 날짜 :

♣ 시간 :   시   분~   시   분

확인

◆ (네 자리 수)−(세 자리 수)(2) ◆

🐸 빈 곳에 알맞은 수를 써넣으시오. [1~2]

1

5214   −987 → ☐

2   −588 → ☐

6025

🐸 빈 곳에 두 수의 차를 써넣으시오. [3~4]

3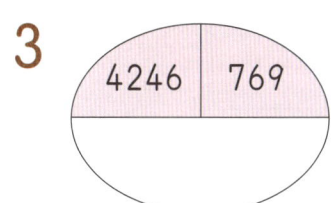

| 4246 | 769 |

4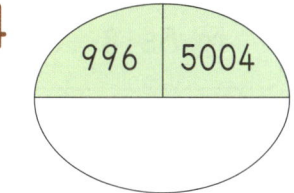

| 996 | 5004 |

5 그림을 보고 ☐ 안에 알맞은 수를 써넣으시오.

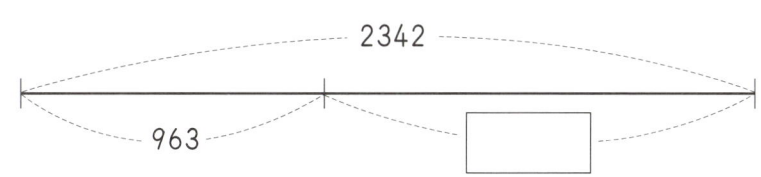

2342

963

☐

🐸 계산 결과를 비교하여 ◯ 안에 >, =, <를 알맞게 써넣으시오. [6~7]

6 3021 − 275 ◯ 2740

7 8726 − 958 ◯ 7868

8 두 수의 차가 **2275**인 두 수를 찾아 □ 안에 알맞은 수를 써넣으시오.

3142	857	867

$\boxed{} - \boxed{} = 2275$

9 계산 결과가 더 큰 것을 찾아 기호를 쓰시오.

㉠ 5618−699   ㉡ 5900−994

[답] _____

10 미림이가 수집한 우표는 **1175**장입니다. 그중에서 **478**장이 외국 우표입니다. 우리나라 우표는 몇 장입니까?

[식] _____   [답] _____

11 문방구점에 있는 공책 **2500**권 중 영수네 학교에서 상품으로 공책을 몇 권 사갔더니 **965**권이 남았습니다. 영수네 학교에서 공책을 몇 권 샀습니까?

[답] _____

◆ 이름 :

◆ 날짜 :

◆ 시간 :   시   분 ~   시   분

확인

◆ **(네 자리 수)−(네 자리 수)(1)** ◆

🐸 다음을 계산하시오. [1~8]

1
```
  4 2 4 8
− 2 2 8 9
```

2
```
  7 1 4 1
− 3 7 5 6
```

3
```
  3 0 0 1
− 1 4 7 2
```

4
```
  6 1 0 2
− 4 6 3 4
```

5
```
  5 7 8 4
− 2 9 9 6
```

6
```
  8 2 4 6
− 7 5 6 8
```

7
```
  7 4 2 0
− 5 8 6 3
```

8
```
  9 7 3 8
− 6 9 7 9
```

G-187b

 다음을 계산하시오. [9~18]

9 3245 — 1856

10 2945 — 1957

11 5050 — 1173

12 4532 — 2768

13 6072 — 5985

14 8927 — 3149

15 9126 — 2529

16 7004 — 5268

17 5390 — 3493

18 6837 — 4889

 사고력 학습

✿ 이름 :

✿ 날짜 :

✿ 시간 :　　시　　분 ~　　시　　분

확인

◆ (네 자리 수)−(네 자리 수)⑵ ◆

1 빈 곳에 알맞은 수를 써넣으시오.

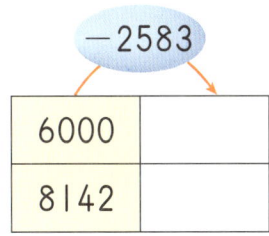

6000	
8142	

🐸 □ 안에 알맞은 수를 써넣으시오. [2~3]

2

3405

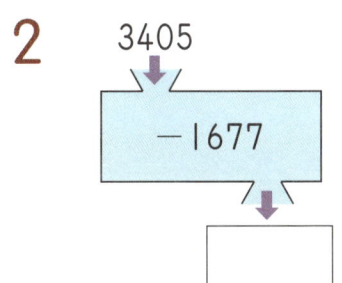

−1677

3

7168

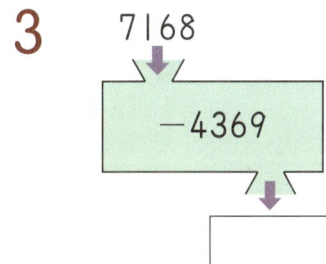

−4369

4 계산 결과를 비교하여 ○ 안에 >, =, <를 알맞게 써넣으시오.

5263 − 2485　◯　9201 − 6313

🐸 □ 안에 알맞은 수를 써넣으시오. [5~6]

5 ☐ + 3876 = 8214

6 7234 − ☐ = 4756

7 두 수의 차가 2500보다 더 작은 것을 찾아 ○표 하시오.

6716−3817   5520−2563   8324−5899

(   )   (   )   (   )

8 계산 결과가 가장 큰 것을 찾아 기호를 쓰시오.

> ㉠ 7942−4956
> ㉡ 5634−2745
> ㉢ 8000−5016

[답] _____

9 명랑초등학교의 학생 수는 작년에 2017명, 올해에 1998명입니다. 학생 수는 몇 명이 줄었습니까?

[식] _____   [답] _____

10 영화관에 사람들이 영화를 보러 왔습니다. 오후에 영화를 보러 온 사람은 3927명이고, 오전에 영화를 보러 온 사람은 오후에 영화를 보러 온 사람보다 1938명 더 적었습니다. 오전에 영화를 보러 온 사람은 몇 명입니까?

[식] _____   [답] _____

♣ 이름 :

♣ 날짜 :

♣ 시간 :　　시　　분 ~ 　시　　분

확인

◆ 세 수의 덧셈과 뺄셈(1) ◆

🐸 ☐ 안에 알맞은 수를 써넣으시오. [1~4]

1 2457+766+1989= ☐

$$\begin{array}{r} 2\ 4\ 5\ 7 \\ +\quad 7\ 6\ 6 \\ \hline \boxed{} \end{array}$$

☐

$$\begin{array}{r} +1\ 9\ 8\ 9 \\ \hline \boxed{} \end{array}$$

2 6023−2567−1557= ☐

$$\begin{array}{r} 6\ 0\ 2\ 3 \\ -2\ 5\ 6\ 7 \\ \hline \boxed{} \end{array}$$

☐

$$\begin{array}{r} -1\ 5\ 5\ 7 \\ \hline \boxed{} \end{array}$$

3 5208+3892−4376= ☐

$$\begin{array}{r} 5\ 2\ 0\ 8 \\ +3\ 8\ 9\ 2 \\ \hline \boxed{} \end{array}$$

☐

$$\begin{array}{r} -4\ 3\ 7\ 6 \\ \hline \boxed{} \end{array}$$

4 4005−1228+2687= ☐

$$\begin{array}{r} 4\ 0\ 0\ 5 \\ -1\ 2\ 2\ 8 \\ \hline \boxed{} \end{array}$$

☐

$$\begin{array}{r} +2\ 6\ 8\ 7 \\ \hline \boxed{} \end{array}$$

다음을 계산하시오. [5~14]

5
```
   1 4 8 7
     6 7 9
 + 4 9 3 6
```

6
```
   2 7 4 8
   3 2 9 6
 + 2 9 6 9
```

7 $3576 + 2528 + 1997$

8 $8216 - 3479 - 2899$

9 $1827 + 3695 - 4875$

10 $5324 - 1976 + 3982$

11 $2968 + 4157 + 1886$

12 $9300 - 6542 - 1969$

13 $3768 + 2843 - 3974$

14 $7782 - 2795 + 4135$

◆ **세 수의 덧셈과 뺄셈(2)** ◆

빈 곳에 알맞은 수를 써넣으시오. [1~4]

1 3542＋1869＋2789

3542	＋1869		＋2789	

2 9204－2638－1779

9204	－2638		－1779	

3

1574	＋6598	－2795	

4

8261	－5869	＋4879	

5 세 수의 합을 구하시오.

| 4736 | 2569 | 1996 |

[답] _____

6 계산을 바르게 한 것의 기호를 쓰시오.

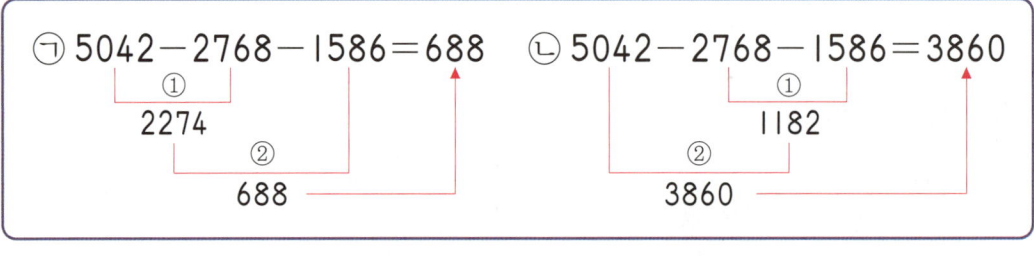

㉠ 5042 − 2768 − 1586 = 688
①
2274
②
688

㉡ 5042 − 2768 − 1586 = 3860
①
1182
②
3860

[답] _____

🐸 빈 곳에 알맞은 수를 써넣으시오. [7~8]

7

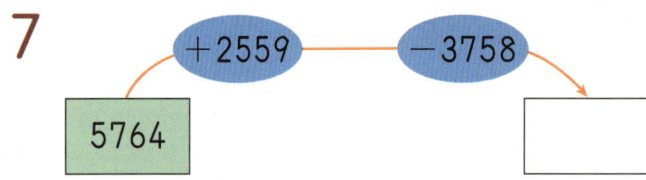

5764 ── +2559 ── −3758 ── ▢

8

9000 ── −7265 ── +1867 ── ▢

G-191a

★ 이름 :

★ 날짜 :

★ 시간 :　　시　　분 ~ 　　시　　분

확인

◆ 세 수의 덧셈과 뺄셈(3) ◆

 □ 안에 알맞은 수를 써넣으시오. [1~4]

1

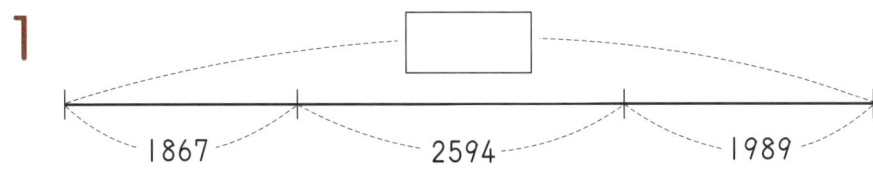

2

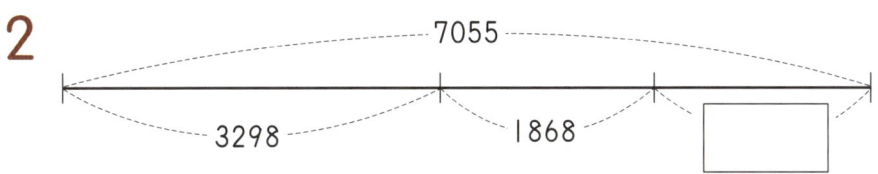

3

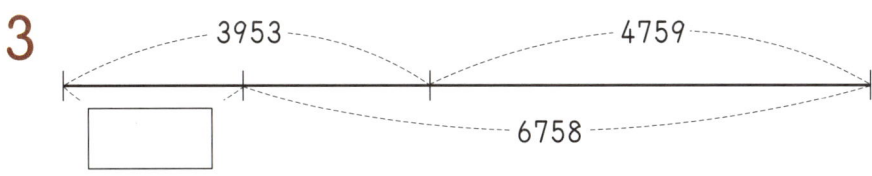

4

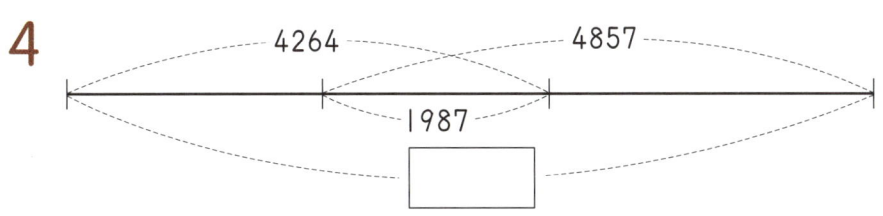

 계산 결과를 비교하여 ◯ 안에 >, =, <를 알맞게 써넣으시오. [5~6]

5 2754＋3948＋1398 ◯ 8000

6 7942－2984＋4349 ◯ 9317

7 가장 큰 수와 가장 작은 수를 더한 후 남은 수를 뺀 값을 구하시오.

| 3869 | 5154 | 2999 |

[답] _____

8 계산 결과가 더 작은 것을 찾아 기호를 쓰시오.

㉠ 9054－3268－1887
㉡ 4282＋2949－3465

[답] _____

◆ 이름 :

◆ 날짜 :

◆ 시간 : 시 분 ~ 시 분

확인

◆ **세 수의 덧셈과 뺄셈(4)** ◆

1 수목원에 소나무가 1448그루, 은행나무가 1864그루 있습니다. 단풍나무 789그루를 더 심는다면 나무는 모두 몇 그루가 됩니까?

[식]   [답]

2 박람회에서 기념품을 4500개 준비했습니다. 오전에 입장한 사람에게 1756개, 오후에 입장한 사람에게 1879개를 나누어 주었습니다. 남은 기념품은 몇 개입니까?

[식]   [답]

3 어느 놀이동산에 입장한 사람은 어른이 1015명, 어린이가 1998명입니다. 그중에서 남자가 1848명이라면 놀이동산에 입장한 여자는 몇 명입니까?

[식]   [답]

4 지하철에 2045명이 타고 있습니다. 다음 역에서 1157명이 내리고, 1324명이 탔습니다. 지금 지하철에 타고 있는 사람은 모두 몇 명입니까?

[식]   [답]

5 선호의 통장에는 8756원이 있었습니다. 어제 3980원을 찾았고 오늘 2890원을 찾았습니다. 통장에 남은 돈은 얼마입니까?

[식]   [답]

6 마트에 생수가 모두 2015개 있었습니다. 어제까지 1239개가 팔렸고, 오늘 1758개가 더 들어왔습니다. 마트에 남아 있는 생수는 모두 몇 개입니까?

[식]   [답]

7 공연장에 입장한 남자는 1257명, 여자는 1989입니다. 그중에서 1368명이 안경을 썼다면 안경을 쓰지 않은 사람은 몇 명입니까?

[식]   [답]

8 호영이는 우표를 1132장 모았고 정수는 호영이보다 879장 더 모았습니다. 두 사람이 모은 우표는 모두 몇 장입니까?

                              [답]

G-193a

✿ 이름 :

✿ 날짜 :

✿ 시간 :　　시　　분 ~　　시　　분

확인

창의력 학습

준우는 어머니와 함께 할인 매장에 식품을 사러 갔습니다. 어머니께서 2가지 식품을 사고 5000원을 냈더니 500원을 거슬러 주었습니다. 어머니께서 산 식품 2가지를 쓰시오.

2100원

2600원

2800원

1900원

[답]

창의력 학습

다음 식을 주어진 순서대로 직접 계산해 보고 결과가 왜 다른지 이유를 쓰시오.

6126−3549+1646

6126−3549+1646= ☐

① ☐

② ☐

6126−3549+1646= ☐

① ☐

② ☐

[이유]

★ 이름 :

★ 날짜 :

★ 시간 :   시   분 ~   시   분

확인

경시대회 예상문제

1 빈 곳에 알맞은 수를 써넣으시오.

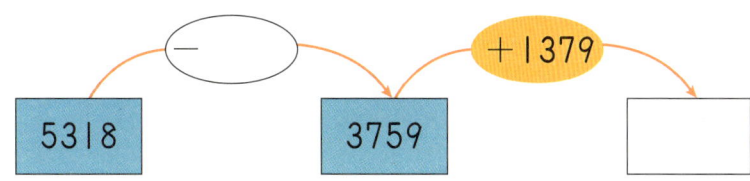

```
      ─              +1379
5318        3759            [   ]
```

🐸 □ 안에 알맞은 숫자를 써넣으시오. [2~3]

2
```
  □ 9 5 7
+   4 5 □ 4
─────────
  8 □ 4 □
```

3
```
  7 □ 3 □
─   □ 6 5 7
─────────
  4 3 □ 8
```

4 세 수를 모두 사용하여 계산 결과가 가장 큰 수가 되도록 □ 안에 알맞은 수를 써넣고 계산하시오.

| 4456 | 3657 | 1988 |

```
[      ] ─ [      ] + [      ]
```

[답]

5 □안에 들어갈 수 있는 수 중에서 가장 작은 세 자리 수를 구하시오.

$$2634+577+4899<8000+□$$

[답]

6 5장의 숫자 카드 중에서 4장을 뽑아 네 자리 수를 만들려고 합니다. 만들 수 있는 네 자리 수 중에서 가장 큰 수와 가장 작은 수의 합을 구하시오.

| 7 | 5 | 1 | 6 | 4 |

[답]

🐸 0부터 9까지의 숫자 중에서 □ 안에 들어갈 수 있는 숫자를 모두 구하시오.
　　　　　　　　　　　　　　　　　　　　　　　　　[7~8]

7 $3896+177□<5671$

[답]

8 $5040-1□8<4872$

[답]

9 □ 안에 알맞은 수를 써넣으시오.

$$4647 + \boxed{} - 3682 = 1749$$

10 같은 모양은 같은 숫자를 나타냅니다. 각 모양에 알맞은 숫자를 쓰시오.

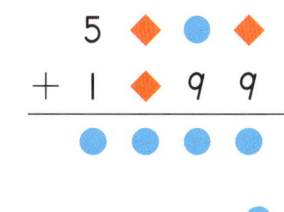

◆ _____ , ● _____

11 ▲ = 4235일 때 ● − ▲ + ★은 얼마입니까?

$$649 + ★ = ▲ \qquad ● − 768 = ▲$$

[답]

12 어떤 수에 4293을 더해야 할 것을 잘못하여 4239를 더했더니 6227이 되었습니다. 바르게 계산하면 얼마입니까?

[답]

13 민영이네 과수원에서 어제와 오늘 딴 감은 모두 2815개입니다. 어제 딴 감이 1857개라면 오늘은 어제보다 감을 몇 개 더 적게 땄습니까?

[답]

🐤 서술형·논술형

14 수희의 통장에는 지현이의 통장보다 1635원 더 많이 있고 철호의 통장에는 수희의 통장보다 873원 더 적게 있습니다. 지현이의 통장에 4986원이 있다면 철호의 통장에는 얼마가 있는지 풀이 과정을 쓰고 답을 구하시오.

[답]

🐤 서술형·논술형

15 어떤 수에 989를 더한 후 1957를 빼야 할 것을 잘못하여 989를 뺀 후 1957를 더했더니 4816이 되었습니다. 바르게 계산하면 얼마인지 풀이 과정을 쓰고 답을 구하시오.

[답]

사고력도 탄탄! 창의력도 탄탄!

기탄**사고력**수학

G4

G196a ~ G210b

학습 관리표

학습 내용		이번 주는?

곱셈	· 올림이 없는 (세 자리 수)×(한 자리 수)
	· 올림이 있는 (세 자리 수)×(한 자리 수)
	· (몇십)×(몇십)
	· (두 자리 수)×(몇십)
	· (두 자리 수)×(두 자리 수)
	· 곱셈의 활용
	· 창의력 학습
	· 경시대회 예상문제
		• 학습 방법 : ① 매일매일 ② 가끔 ③ 한꺼번에
		  하였습니다.
		• 학습 태도 : ① 스스로 잘 ② 시켜서 억지로
		  하였습니다.
		• 학습 흥미 : ① 재미있게 ② 싫증내며
		  하였습니다.
		• 교재 내용 : ① 적합하다고 ② 어렵다고 ③ 쉽다고
		  하였습니다.

지도 교사가 부모님께	부모님이 지도 교사께

평가	Ⓐ 아주 잘함	Ⓑ 잘함	Ⓒ 보통	Ⓓ 부족함

원(교)   반   이름   전화

기초부터 탄탄하게
G 기탄교육
www.gitan.co.kr / (02)586-1007(대)

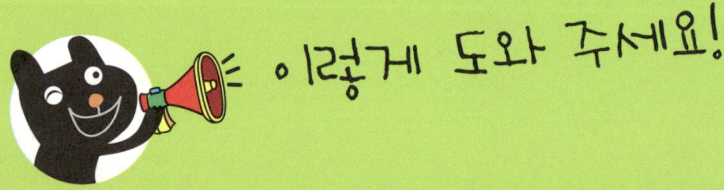

이렇게 도와 주세요!

● **학습 목표**

– 올림이 없는 (세 자리 수)×(한 자리 수)의 계산 원리를 이해하고 형식화하여 계산할 수 있습니다.

– 올림이 있는 (세 자리 수)×(한 자리 수)의 계산 원리를 이해하고 형식화하여 계산할 수 있습니다.

– (몇십)×(몇십), (두 자리 수)×(몇십)의 계산 원리를 이해하고 계산할 수 있습니다.

– (두 자리 수)×(두 자리 수)의 계산 원리를 이해하고 계산할 수 있습니다.

– 곱셈을 활용하여 생활 주변의 여러 가지 문제를 해결할 수 있습니다.

● **지도 내용**

– 올림이 없거나 올림이 있는 (세 자리 수)×(한 자리 수)의 계산 방법을 알고 형식화하여 계산하게 합니다.

– (몇십)×(몇십), (두 자리 수)×(몇십), (두 자리 수)×(두 자리 수)의 계산 방법을 알고 형식화하여 계산하게 합니다.

– 문장으로 된 문제를 곱셈식으로 나타내고 곱셈의 계산 원리를 이용하여 곱을 구하게 합니다.

● **지도 요점**

G2에서 공부한 것을 바탕으로 (세 자리 수)×(한 자리 수), (몇십)×(몇십), (두 자리 수)×(몇십), (두 자리 수)×(두 자리 수)의 곱을 구하는 방법을 구체물의 조작 활동을 통해 알아보게 합니다.

그런 다음 곱셈의 계산 원리를 형식화하여 학생들이 곱셈을 능숙하게 할 수 있도록 하고, 생활 속에서 일어날 수 있는 다양한 문제 상황을 곱셈의 방법으로 해결할 수 있도록 합니다. 또한 문제 해결력을 높일 수 있는 문제를 풀어 보게 합니다.

★ 이름 :

★ 날짜 :

★ 시간 :   시   분 ~   시   분

확인

◆ 올림이 없는 (세 자리 수)×(한 자리 수)(1) ◆

1 수 모형을 보고 ☐ 안에 알맞은 수를 써넣으시오.

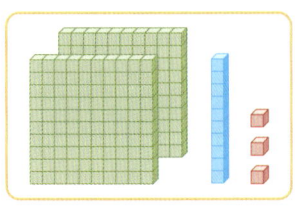 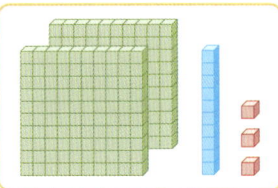 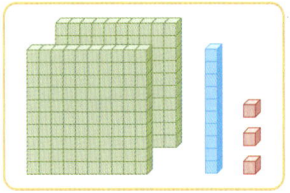

(1) 낱개 모형의 개수를 곱셈식으로 나타내면 $3 \times 3 =$ ☐ (개)입니다.

(2) 십 모형의 개수를 곱셈식으로 나타내면 $1 \times$ ☐ $=$ ☐ (개)입니다.

(3) 백 모형의 개수를 곱셈식으로 나타내면 ☐ $\times$ ☐ $=$ ☐ (개)입니다.

(4) $213 \times 3 =$ ☐

🐸 ☐ 안에 알맞은 수를 써넣으시오. [2~3]

2 132×3 ⎰ $100 \times 3 =$ ☐
⎱ $30 \times 3 =$ ☐ ⎱ ☐
  $2 \times 3 =$ ☐

3 212×4 ⎰ $200 \times 4 =$ ☐
⎱ $10 \times 4 =$ ☐ ⎱ ☐
  $2 \times 4 =$ ☐

사고력 학습

🐸 곱셈을 하시오. [4~11]

4 121 × 2

5 111 × 7

6 321 × 3

7 221 × 4

8
```
    2 1 3
×       3
```

9
```
    1 2 2
×       4
```

10
```
    4 3 4
×       2
```

11
```
    3 3 1
×       3
```

◆ 올림이 없는 (세 자리 수) × (한 자리 수) (2) ◆

🐸 빈 곳에 알맞은 수를 써넣으시오. [1~2]

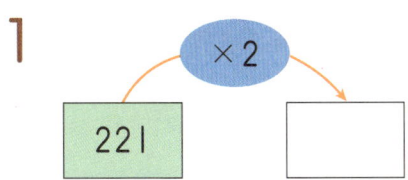

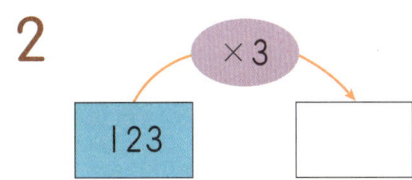

🐸 두 수의 곱을 구하여 빈 곳에 써넣으시오. [3~4]

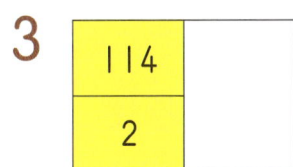

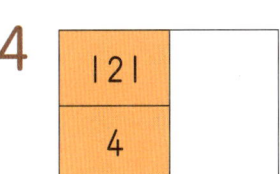

🐸 곱의 크기를 비교하여 ◯ 안에 >, =, <를 알맞게 써넣으시오. [5~6]

5 113 × 3 ◯ 122 × 2

6 211 × 4 ◯ 422 × 2

7 ☐ 안에 알맞은 수를 써넣으시오.

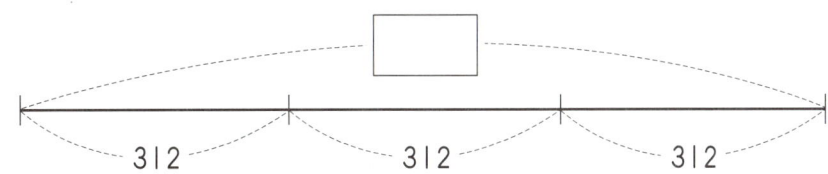

사고력 학습

8 빈 곳에 알맞은 수를 써넣으시오.

	×	
123	2	
3	332	

(왼쪽 세로 방향에 × 표시)

9 곱이 가장 큰 것을 찾아 기호를 쓰시오.

┌───┐
│ ㉠ 132 × 3   ㉡ 244 × 2   ㉢ 112 × 4 │
└───┘

[답] _____

10 수연이네 학교 야구팀을 응원하러 학생 324명이 야구 경기를 보러 갔습니다. 324명 모두에게 막대풍선을 2개씩 나누어 주어 응원을 하려면 막대풍선은 모두 몇 개를 준비해야 합니까?

[식] _____   [답] _____

 사고력 학습

★ 이름 :

★ 날짜 :

★ 시간 :   시   분 ~   시   분

확인

◆ 올림이 있는 (세 자리 수)×(한 자리 수)(1) ◆

□ 안에 알맞은 수를 써넣으시오. [1~6]

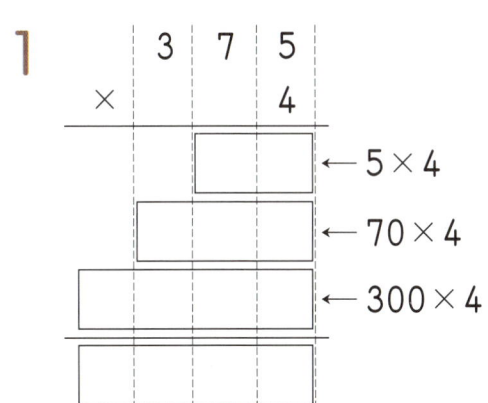

1

$\begin{array}{r} 3\ 7\ 5 \\ \times\quad 4 \end{array}$

← 5×4

← 70×4

← 300×4

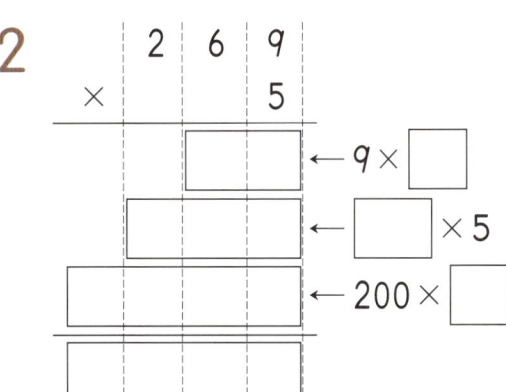

2

$\begin{array}{r} 2\ 6\ 9 \\ \times\quad 5 \end{array}$

← 9×□

← □×5

← 200×□

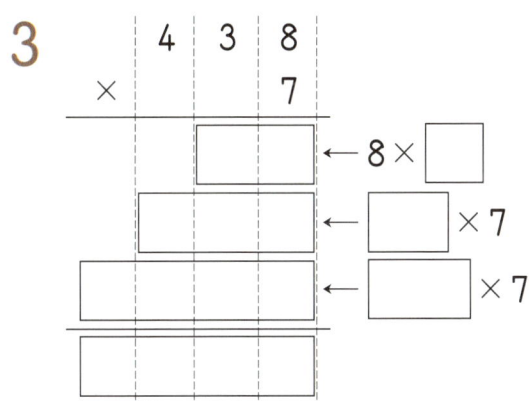

3

$\begin{array}{r} 4\ 3\ 8 \\ \times\quad 7 \end{array}$

← 8×□

← □×7

← □×7

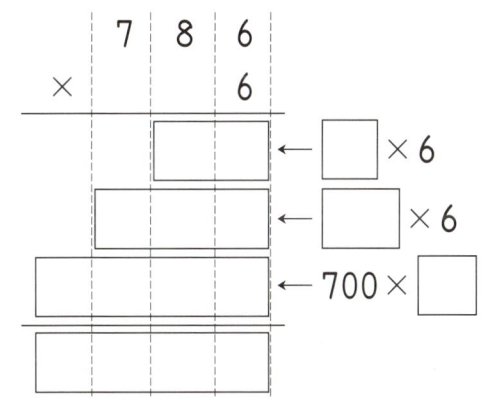

4

$\begin{array}{r} 7\ 8\ 6 \\ \times\quad 6 \end{array}$

← □×6

← □×6

← 700×□

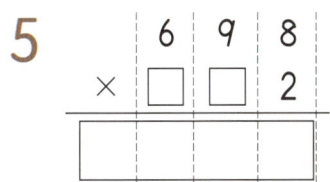

5

$\begin{array}{r} 6\ 9\ 8 \\ \times\ \square\ \square\ 2 \end{array}$

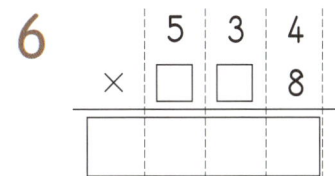

6

$\begin{array}{r} 5\ 3\ 4 \\ \times\ \square\ \square\ 8 \end{array}$

곱셈을 하시오. [7~14]

7 219×4

8 324×5

9 558×3

10 762×9

11
```
   9 7 2
 ×     2
```

12
```
   6 8 5
 ×     7
```

13
```
   7 0 5
 ×     6
```

14
```
   4 3 8
 ×     8
```

✿ 이름 :

✿ 날짜 :

✿ 시간 :　　　시　　분 ~　　시　　분

확인

◆ 올림이 있는 (세 자리 수) × (한 자리 수) (2) ◆

1 다음 식을 간단한 식으로 나타내시오.

$$647 + 647 + 647 + 647 + 647 + 647$$

[식]

🐸 □ 안에 알맞은 수를 써넣으시오. [2~3]

2 384

×4

3 816

×9

4 계산 결과가 같은 것끼리 선으로 이으시오.

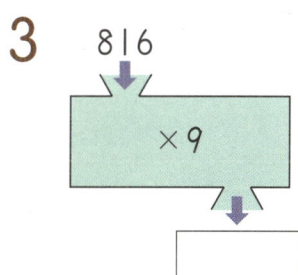

436 × 5　·

365 × 6　·

· 2170

· 2180

· 2190

사고력 학습

5 빈 곳에 알맞은 수를 써넣으시오.

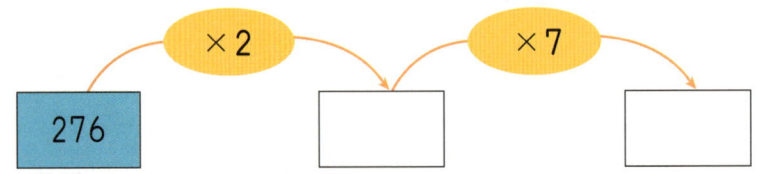

6 468 × 4와 계산 결과가 같은 것을 찾아 기호를 쓰시오.

> ㉠ 634 × 3   ㉡ 926 × 2   ㉢ 312 × 6

[답] _____

7 색종이가 한 상자에 225장씩 들어 있습니다. 7상자에는 색종이가 모두 몇 장 들어 있습니까?

[식] _____   [답] _____

8 공장에서 장난감 한 개를 만드는 데 679원이 필요하다고 합니다. 장난감 8개를 만드는 데는 얼마가 필요합니까?

[식] _____   [답] _____

G-200a

★ 이름 :

★ 날짜 :

★ 시간 :   시   분 ~   시   분

확인

◆ (몇십) × (몇십) (1) ◆

□ 안에 알맞은 수를 써넣으시오. [1~6]

1 $30 \times 50 =$ ☐ 00

$3 \times 5 =$ ☐

2 $20 \times 60 =$ ☐ 00

$2 \times 6 =$ ☐

3 $40 \times 70 =$ ☐ 00

$4 \times 7 =$ ☐

4 $60 \times 30 =$ ☐ 00

$6 \times 3 =$ ☐

5 $80 \times 60 =$ ☐ 00

$8 \times 6 =$ ☐

6 $90 \times 40 =$ ☐ 00

$9 \times 4 =$ ☐

곱셈을 하시오. [7~14]

7 20 × 40

8 50 × 60

9 30 × 90

10 80 × 40

11
```
    4 0
  × 5 0
```

12
```
    7 0
  × 6 0
```

13
```
    2 0
  × 3 0
```

14
```
    9 0
  × 2 0
```

◆ **(몇십)×(몇십)**⑵ ◆

1 빈칸에 알맞은 수를 써넣으시오.

×	10	20	40	60	80
30					
50		1000			
70			2800		
90				5400	

□ 안에 알맞은 수를 써넣으시오. [2~3]

2
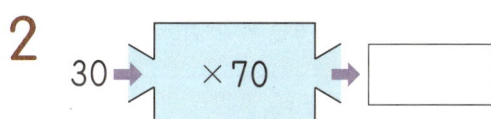
30 → ×70 →

3
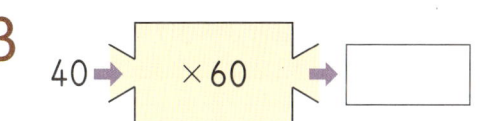
40 → ×60 →

두 수의 곱을 구하여 빈 곳에 써넣으시오. [4~5]

4
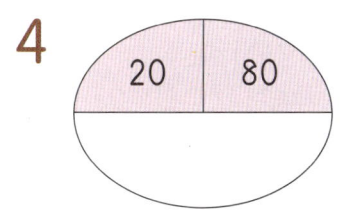

5
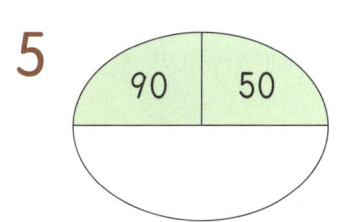

6 곱이 같은 것끼리 서로 이으시오.

60 × 40 ·

20 × 90 ·

90 × 40 ·

· 60 × 60

· 30 × 80

· 60 × 30

7 곱이 큰 순서대로 기호를 쓰시오.

㉠ 30 × 50   ㉡ 70 × 20   ㉢ 40 × 40

[답] _____

8 달걀이 한 판에 30개씩 들어 있습니다. 60판에는 달걀이 모두 몇 개 들어 있습니까?

[식] _____   [답] _____

 사고력 학습

◆ (두 자리 수) × (몇십) (1) ◆

🐸 　□ 안에 알맞은 수를 써넣으시오. [1~6]

1 $23 \times 20 = \boxed{}0$

$23 \times 2 = \boxed{}$

2 $46 \times 30 = \boxed{}0$

$46 \times 3 = \boxed{}$

3 $37 \times 40 = \boxed{}0$

$37 \times 4 = \boxed{}$

4 $52 \times 60 = \boxed{}0$

$52 \times 6 = \boxed{}$

5 $64 \times 70 = \boxed{}0$

$64 \times 7 = \boxed{}$

6 $89 \times 50 = \boxed{}0$

$89 \times 5 = \boxed{}$

사고력 학습

G-202b

 곱셈을 하시오. [7~14]

7 19 × 10

8 27 × 40

9 46 × 80

10 82 × 70

11
```
    5 7
  × 3 0
```

12
```
    6 3
  × 4 0
```

13
```
    3 8
  × 6 0
```

14
```
    8 6
  × 9 0
```

★ 이름 :

★ 날짜 :

★ 시간 :　　시　　분 ～　　시　　분

확인

◆ (두 자리 수) × (몇십) (2) ◆

1 빈 곳에 알맞은 수를 써넣으시오.

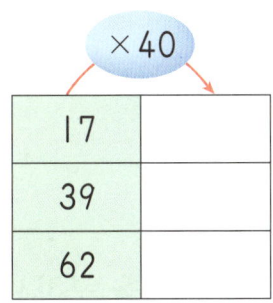

×40	
17	
39	
62	

2 빈 곳에 알맞은 수를 써넣으시오.

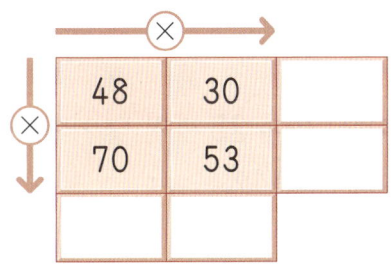

×→		
48	30	
70	53	

🐸 곱의 크기를 비교하여 ◯ 안에 >, =, <를 알맞게 써넣으시오. [3~4]

3 27 × 60 ◯ 33 × 50

4 67 × 30 ◯ 22 × 90

5 두 수의 곱이 3000보다 큰 것을 찾아 ◯표 하시오.

| 51 × 40 | 97 × 30 | 46 × 70 |

(   )   (   )   (   )

6 가장 큰 수와 가장 작은 수의 곱을 구하시오.

| 66 | 27 | 20 | 59 |

[답] _____

7 과수원에서 배를 한 상자에 25개씩 넣어 70상자를 만들었습니다. 상자에 담긴 배는 모두 몇 개입니까?

[식] _____   [답] _____

8 진수는 매일 윗몸일으키기를 45번씩 하기로 하였습니다. 30일 동안 윗몸일으키기를 모두 몇 번 하게 됩니까?

[식] _____   [답] _____

G-204a

◆ (두 자리 수) × (두 자리 수) (1) ◆

 □ 안에 알맞은 수를 써넣으시오. [1~6]

1

```
    1 4
×   3 1
-------
```

2

```
    2 9
×   4 3
-------
```

3

```
    4 7
×   6 6
-------
```

4

```
    5 8
×   7 2
-------
```

5

```
    8 6
×   5 4
-------
```

6

```
    9 6
×   8 5
-------
```

🐸 곱셈을 하시오. [7~14]

7 26 × 34

8 17 × 59

9 43 × 65

10 73 × 74

11
```
    5 8
  ×  1 4
```

12
```
    3 6
  ×  5 5
```

13
```
    6 4
  ×  2 9
```

14
```
    7 7
  ×  4 8
```

G-205a

★ 이름 :

★ 날짜 :

★ 시간 :   시   분 ~   시   분

확인

◆ **(두 자리 수) × (두 자리 수) (2)** ◆

1 빈 곳에 알맞은 수를 써넣으시오.

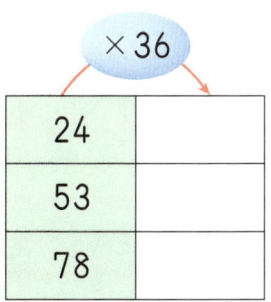

2 빈 곳에 알맞은 수를 써넣으시오.

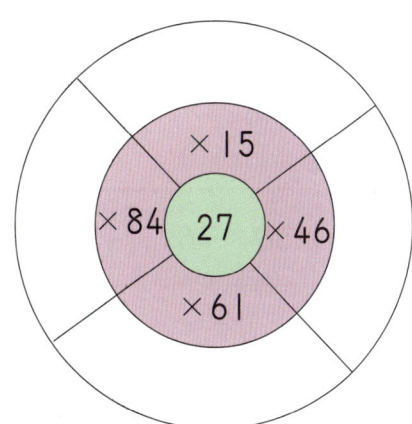

🐸 곱의 크기를 비교하여 ◯ 안에 >, =, <를 알맞게 써넣으시오. [3~4]

3 43 × 28 ◯ 35 × 34   **4** 51 × 76 ◯ 57 × 69

사고력 학습

G-205b

5 계산이 잘못된 곳을 찾아 이유를 쓰고, 바르게 고치시오.

```
    4 2
  ×  3 7
  2 9 4
  1 2 6
  4 2 0
```
➡
```
    4 2
  ×  3 7
```

[이유]

- -

- -

6 ㉠과 ㉡의 곱의 차를 구하시오.

㉠ 38 × 76   ㉡ 29 × 98

[답]

7 인형을 한 시간 동안 52개씩 만드는 기계가 있습니다. 이 기계로 24시간 동안에는 인형을 모두 몇 개 만들 수 있습니까?

[식]   [답]

사고력 학습

★ 이름 :

★ 날짜 :

★ 시간 :   시   분~   시   분

확인

◆ **곱셈의 활용(1)** ◆

1 1년은 365일이라고 할 때, 7년은 모두 며칠인지 알아보려고 합니다. 물음에 답하시오.

(1) 구하려는 것은 무엇입니까?

[답]

(2) 주어진 조건은 무엇입니까?

[답]

(3) 식을 만드시오.

[식]

(4) 7년은 모두 며칠입니까?

[답]

2 성현이네 학교의 3학년 학생은 143명입니다. 한 사람이 우유를 하루에 한 개씩 마시려면 일주일 동안에는 우유가 몇 개 필요합니까?

[식]   [답]

사고력 학습

3 정호는 매일 윗몸일으키기를 40번씩 하기로 하였습니다. 28일 동안 윗몸 일으키기를 모두 몇 번 하게 됩니까?

[식]   [답]

4 별 모양을 한 개 만드는 데 색 테이프가 18cm 필요합니다. 별 37개를 만들려면 색 테이프가 몇 cm 필요합니까?

[식]   [답]

5 강당에 의자가 한 줄에 24개씩 놓여 있습니다. 의자가 35줄 있다면 의자는 모두 몇 개 놓여 있습니까?

[식]   [답]

6 밤줍기 체험 행사에서 54명의 학생들이 95개씩 밤을 주웠습니다. 학생들이 주운 밤은 모두 몇 개입니까?

[식]   [답]

✿ 이름 :

✿ 날짜 :

✿ 시간 :　　시　　분 ~ 　　시　　분

확인

◆ **곱셈의 활용**(2) ◆

1　연필 한 타는 12자루입니다. 연필 46타는 모두 몇 자루입니까?

[식]　　　　　　　　　　　　　　　　　　[답]

2　호영이는 10원짜리 동전 20개와 50원짜리 동전 35개를 모았습니다. 호영이가 모은 10원짜리와 50원짜리 동전은 모두 얼마입니까?

[답]

3　민지는 동화책 한 권을 읽었습니다. 14일 동안은 하루에 27쪽씩 읽었고, 17일 동안은 하루에 30쪽씩 읽었습니다. 민지가 31일 동안 읽은 동화책은 모두 몇 쪽입니까?

[답]

4 현주는 종이학을 매일 15개씩 만들려고 합니다. 4월 한 달 동안에는 종
   이학을 모두 몇 개 만들 수 있습니까?

   [식] _____   [답] _____

5 사탕을 한 사람에게 6개씩 128명에게 나누어 주었더니 32개가 남았습니
   다. 사탕은 모두 몇 개 있었습니까?

                                     [답] _____

6 윤지네 가족과 규연이네 가족은 밤을 땄습니다. 윤지네 가족은 246개씩
   9자루에 담았고, 규연이네 가족은 98개씩 25자루에 담았습니다. 누구네
   가족이 몇 개 더 많이 땄습니까?

                              [답] _____

★ 이름 :

★ 날짜 :

★ 시간 : 시 분 ~ 시 분

확인

🔵 창의력 학습

⭕ 안의 수는 ☆ 안의 두 수의 곱입니다. 글자가 있는 ☆ 안에 알맞은 수를 각각 구하시오.

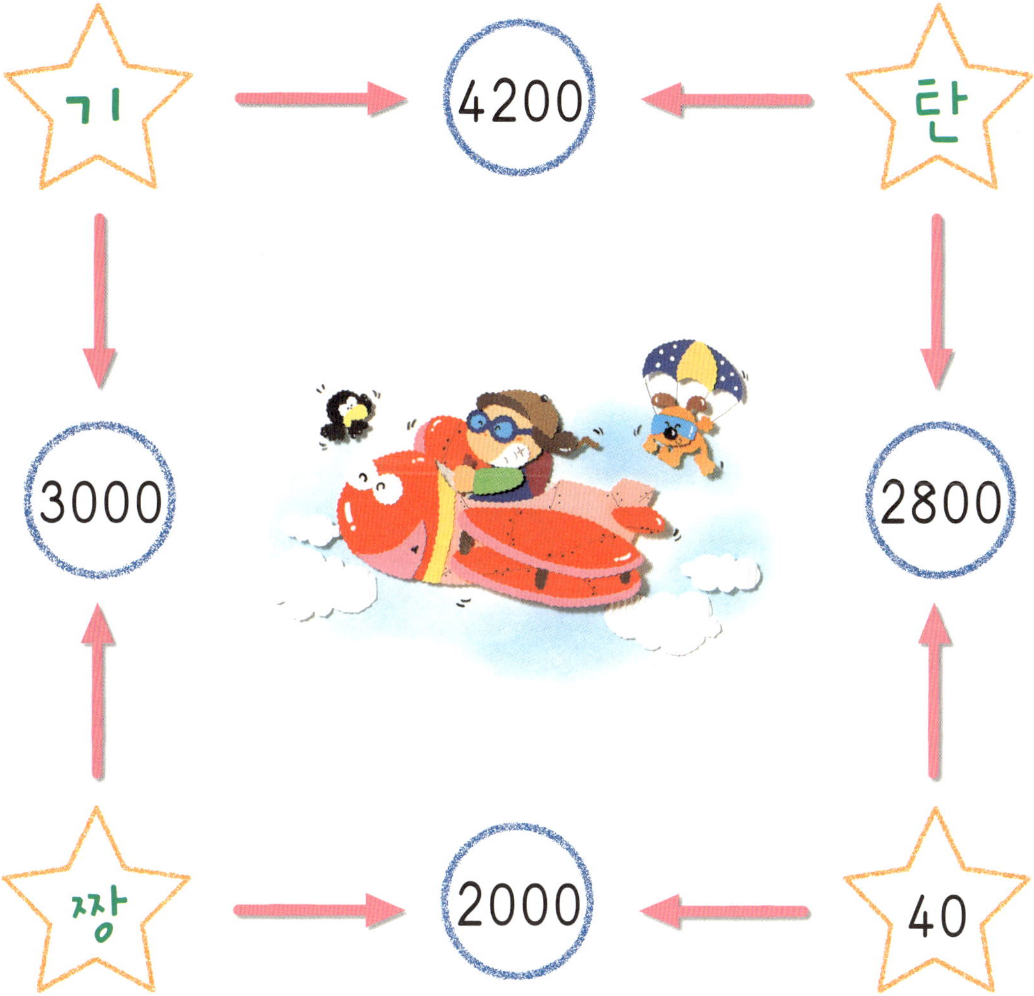

기 → 4200 ← 탄

3000   2800

짱 → 2000 ← 40

(기) _____ , (탄) _____ , (짱) _____

창의력 학습

G-208b

12×42와 21×24는 얼마일까요? 각각의 곱은 모두 504입니다. 이렇게 두 자리 수의 십의 자리 숫자와 일의 자리 숫자를 바꾸어 두 수를 곱해도 곱이 같아지는 수들이 있습니다. 그러나 모든 두 자리 수끼리의 곱이 이렇게 되는 것은 아닙니다. 어떤 수들의 곱이 이렇게 되는지 알아봅니다.

• 다음은 곱셈구구에서 곱이 같은 것들입니다.

$$1 \times 4 = 2 \times 2 \quad 1 \times 6 = 2 \times 3 \quad 1 \times 8 = 2 \times 4$$
$$1 \times 9 = 3 \times 3 \quad 2 \times 6 = 3 \times 4 \quad 2 \times 8 = 4 \times 4$$
$$2 \times 9 = 3 \times 6 \quad 3 \times 8 = 4 \times 6 \quad 4 \times 9 = 6 \times 6$$

• 위의 방법을 이용하여 빈 곳에 알맞은 식을 써넣으시오.

$1 \times 4 = 2 \times 2 \rightarrow 12 \times 42 = 21 \times 24$ $2 \times 8 = 4 \times 4 \rightarrow 24 \times 84 = 42 \times 48$

$1 \times 6 = 2 \times 3$ ⟨ $12 \times 63 = 21 \times 36$ / $13 \times 62 = 31 \times 26$ $2 \times 9 = 3 \times 6$ ⟨ $23 \times 96 = 32 \times 69$ / $26 \times 93 = 62 \times 39$

$1 \times 8 = 2 \times 4$ ⟨ $12 \times 84 = 21 \times 48$ / $14 \times 82 = 41 \times 28$ $3 \times 8 = 4 \times 6$ ⟨ $34 \times 86 = 43 \times 68$ / $36 \times 84 = 63 \times 48$

$1 \times 9 = 3 \times 3 \rightarrow 13 \times 93 = 31 \times 39$ $4 \times 9 = 6 \times 6 \rightarrow$ _____

$2 \times 6 = 3 \times 4$ ⟨ _____ / _____

G-209a

➕ 경시대회 예상문제

1 □ 안에 공통으로 들어갈 숫자를 구하시오.

$$
\begin{array}{r}
\square\,\square\,\square \\
\times\qquad\square \\
\hline
7\ 1\ 0\ 4
\end{array}
$$

[답]

2 □ 안에 들어갈 수 있는 수 중에서 가장 작은 수를 구하시오.

$$79 \times \square\,0 > 4500$$

[답]

3 □ 안에 알맞은 수를 구하시오.

$$35 \times 24 = 42 \times \square$$

[답]

🐸 □ 안에 알맞은 숫자를 써넣으시오. [4~5]

4

```
    3 □
  ×   □ 8
  ---------
    2 5 6
  □   4
  ---------
  □   9 6
```
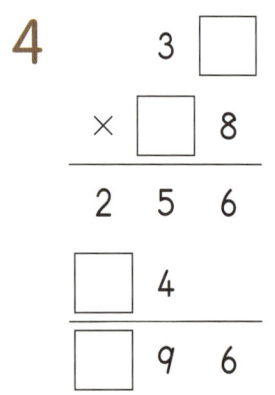

5

```
      □ 5
  ×   7 □
  ---------
    7 6 0
  6 □   5
  ---------
  7 □   1 0
```
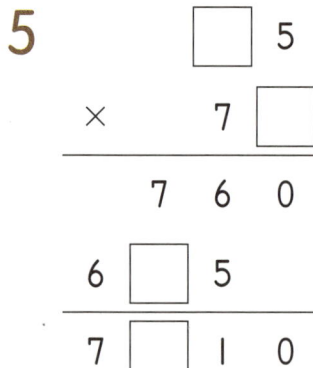

6 어떤 수에 84를 곱해야 하는데 잘못하여 84를 더했더니 133이 되었습니다. 바르게 계산하면 얼마입니까?

[답]

7 3, 6, 8을 한 번씩 사용하여 다음 식에 맞게 □ 안에 알맞은 숫자를 써넣으시오.

```
        □ □
    ×     5 □
    -----------
    2 0 8 8
```

8 1부터 9까지의 수 중 □ 안에 알맞은 수를 모두 구하시오.

$$29 \times 67 > 485 \times \square$$

[답]

서술형·논술형

9 운동장에 있는 학생들을 한 줄에 15명씩 20줄로 세우려면 13명이 부족합니다. 운동장에 있는 학생은 모두 몇 명인지 풀이 과정을 쓰고 답을 구하시오.

[답]

10 어떤 공장에서 한 시간에 12개의 물건을 생산하는 기계가 6대 있습니다. 이 기계로 하루에 8시간씩 물건을 만든다면 일주일 동안 생산되는 물건은 모두 몇 개입니까?

[답]

🐸 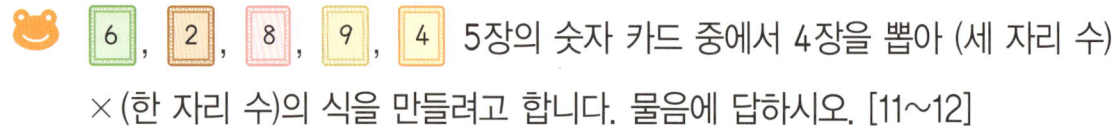 5장의 숫자 카드 중에서 4장을 뽑아 (세 자리 수) ×(한 자리 수)의 식을 만들려고 합니다. 물음에 답하시오. [11~12]

11 곱이 가장 작은 곱셈식을 만들고, 곱을 구하시오.

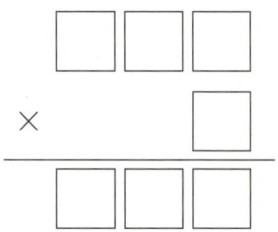

12 곱이 가장 큰 곱셈식을 만들고, 곱을 구하시오.

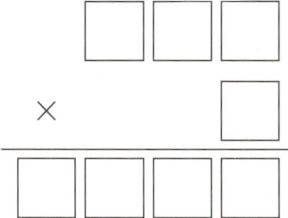

🐛 서술형·논술형

13 [5], [4], [7], [3] 4장의 숫자 카드를 한 번씩 사용하여 (두 자리 수)×(두 자리 수)의 식 중에서 곱이 가장 큰 곱셈식을 만들려고 합니다. 풀이 과정을 쓰고 곱셈식으로 나타내시오.

[식]

사고력도 탄탄! 창의력도 탄탄!

기탄고력수학 G4

G211a ~ G225b

학습 관리표

학습 내용		이번 주는?
원	· 원의 중심과 반지름 · 원 그리기 · 원의 지름 · 원의 반지름과 지름의 성질 · 원으로 여러 가지 모양 그리기 · 원의 성질 활용 · 창의력 학습 · 경시대회 예상문제	• 학습 방법 : ① 매일매일 　② 가끔 　③ 한꺼번에 　　　　　　하였습니다. • 학습 태도 : ① 스스로 잘 　② 시켜서 억지로 　　　　　　하였습니다. • 학습 흥미 : ① 재미있게 　② 싫증내며 　　　　　　하였습니다. • 교재 내용 : ① 적합하다고 　② 어렵다고 　③ 쉽다고 　　　　　　하였습니다.

지도 교사가 부모님께	부모님이 지도 교사께

평가	Ⓐ 아주 잘함	Ⓑ 잘함	Ⓒ 보통	Ⓓ 부족함

원(교) 　　　　반 　　이름 　　　　　전화

기초부터 탄탄하게
G 기탄교육

www.gitan.co.kr / (02)586-1007(대)

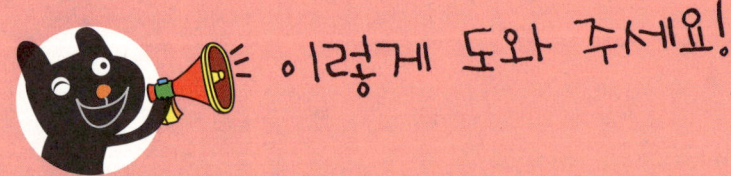

이렇게 도와 주세요!

● **학습 목표**
– 원의 중심과 반지름의 뜻을 알고, 한 원에 있는 반지름은 모두 같음을 알 수 있습니다.
– 컴퍼스를 사용하여 원을 바르게 그릴 수 있습니다.
– 원의 지름의 뜻을 알 수 있습니다.
– 원의 반지름과 지름의 관계를 이해하고 주어진 길이를 구할 수 있습니다.
– 컴퍼스로 원을 그려 여러 가지 모양을 만들 수 있습니다.
– 원의 성질을 이용하여 생활 속의 문제를 해결할 수 있습니다.

● **지도 내용**
– 원의 중심과 반지름의 뜻을 알고 한 원에 있는 반지름은 모두 같음을 알게 합니다.
– 컴퍼스를 바르게 사용하여 원을 그릴 수 있게 하고 반지름이 다른 여러 가지 원을
  정확히 그리게 합니다.
– 원 위의 두 점을 잇는 선분 중에서 가장 긴 선분이 지름이 된다는 것을 알게 합니다.
– 원의 반지름을 재어 보고, 한 원에서 반지름은 모두 같음을 알게 합니다. 또 원의
  반지름과 지름을 재어 보고 지름은 반지름의 2배임을 알게 합니다.
– 컴퍼스로 원을 그려 여러 가지 모양을 만들게 합니다.
– 원을 이용하여 정사각형, 직사각형, 정삼각형 등의 변의 길이를 구하게 합니다.

● **지도 요점**
기본적인 평면도형과 입체도형의 구성을 바탕으로 이 단원에서 원 모양을 그려
보는 활동을 통해 원의 중심과 반지름의 뜻을 알게 하고, 한 원에 있는 반지름은
모두 같음을 알게 합니다. 컴퍼스를 사용하여 원 모양을 그려 보는 활동을 하고
원의 지름을 알아보고 원의 지름과 반지름의 관계를 이해하고 주어진 길이를 구
하는 방법을 학습하게 됩니다. 원의 대한 개념은 처음 학습하는 단원이므로 학생
들이 원의 구성 요소와 개념을 이해하고 원 모양을 그릴 수 있도록 지도합니다.

✿이름 :

✿날짜 :

✿시간 :　시　　분~　시　　분

◆ **원의 중심과 반지름**(1) ◆

원을 그릴 때에 누름 못이 꽂혔던 점 o을 원의 중심이라 하고, 원의 중심 o과 원 위의 한 점을 이은 거리를 원의 반지름이 라고 합니다.

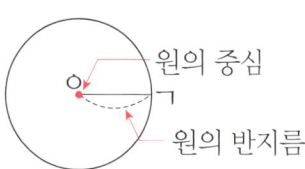

1　그림과 같이 팔을 앞뒤로 크게 한 바퀴 돌리면 어떤 모양이 됩니까?

[답]

2　그림과 같이 단추를 실로 묶어 돌렸을 때 실의 길이가 길어지면 단추가 지나간 자리의 모양인 원이 커집니까?

[답]

사고력 학습

3 그림과 같이 두꺼운 종이와 누름 못을 이용하여 원을 그렸습니다. 누름 못이 꽂혔던 점을 무엇이라고 합니까?

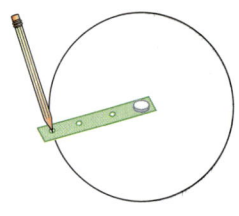

[답]

4 ☐ 안에 알맞은 말을 써넣으시오.

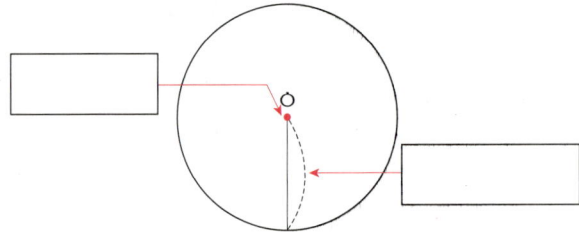

5 다음 중에서 원의 중심은 어느 것입니까?

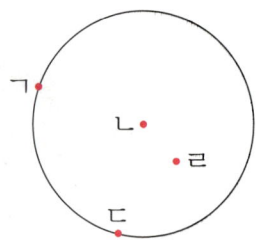

[답]

사고력 학습

★ 이름 :

★ 날짜 :

★ 시간 :   시   분 ～   시   분

◆ **원의 중심과 반지름**(2) ◆

1 원의 중심을 찾아 점을 찍어 보시오.

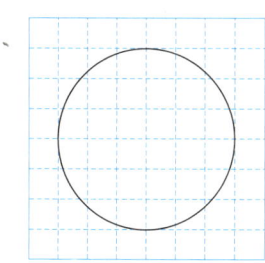

2 원 안에 원의 중심은 몇 개 있습니까?

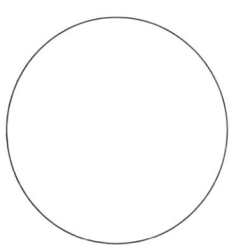

[답]

3 원의 반지름을 찾아 기호를 쓰시오.

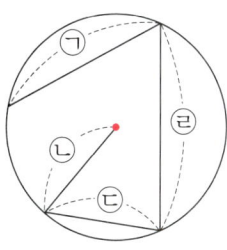

[답]

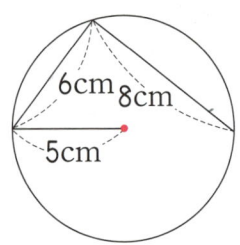

4 원의 반지름은 몇 cm입니까?

[답]

5 다음 원에 반지름을 3개 그려 보시오.

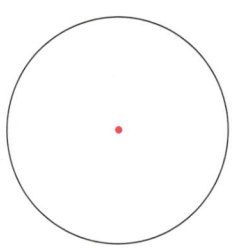

6 점 ㅇ은 원의 중심입니다. 원의 반지름을 그리고 그 길이를 재어 보시오.

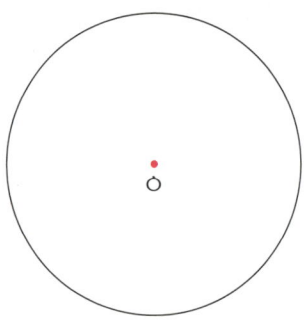

[답]

◆ 원 그리기 ◆

1 컴퍼스를 3cm가 되도록 바르게 벌린 것을 찾아 기호를 쓰시오.

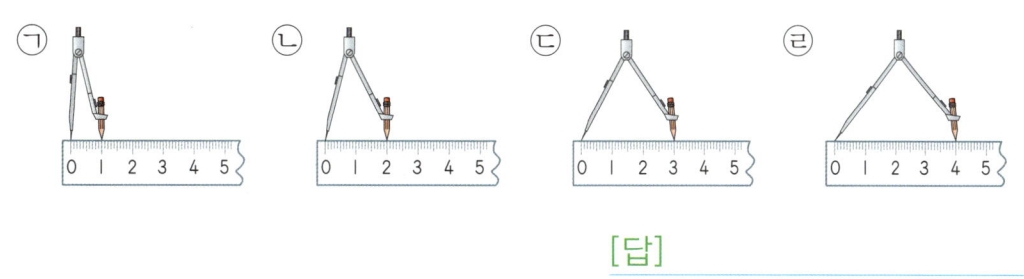

[답]

2 반지름이 1cm인 원을 그리는 과정입니다. 순서대로 기호를 쓰시오.

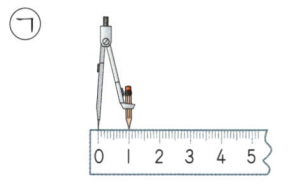　　　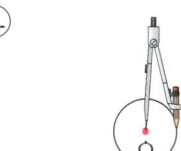　　　

ㄱ 컴퍼스를 원의 반지름 1cm가 되도록 벌립니다.

ㄴ 컴퍼스의 침을 점 ㅇ에 꽂고, 원을 그립니다.

ㄷ 원의 중심이 되는 점 ㅇ을 정합니다.

[답]

3 컴퍼스를 오른쪽 그림과 같이 벌려서 원을 그리면 원의 반지름은 몇 cm가 됩니까?

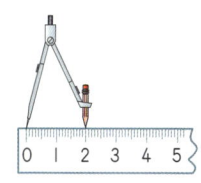

[답]

사고력 학습

4 점 ㅇ을 원의 중심으로 하여 반지름이 **2cm**인 원을 그려 보시오.

ㅇ

5 점 ㅇ을 원의 중심으로 하여 반지름이 **l cm**, **2cm 5mm**인 원을 각각 그려 보시오.

ㅇ

6 컴퍼스를 사용하여 왼쪽과 같은 원을 오른쪽에 그려 보시오.

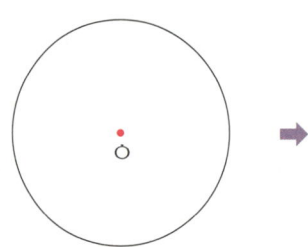

✿ 이름 :

✿ 날짜 :

✿ 시간 :　　시　분 ~　　시　분

◆ 원의 지름 ◆

원의 중심을 지나는 선분 ㄱㄴ을 원의 지름이
라고 합니다.

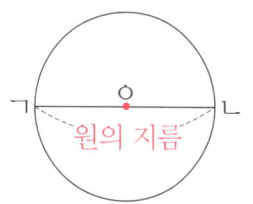

1 어느 선분이 가장 깁니까?

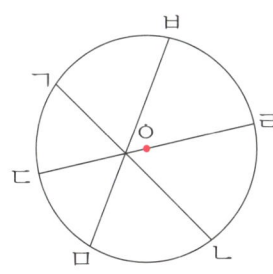

[답]

2 지름은 어느 선분입니까?

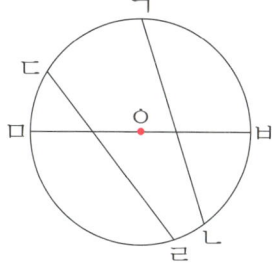

[답]

3 원의 지름은 몇 cm입니까?

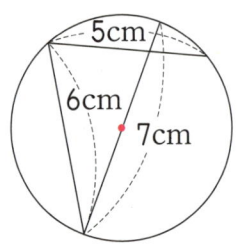

[답] _____

4 원에 지름을 4개 그려 보시오.

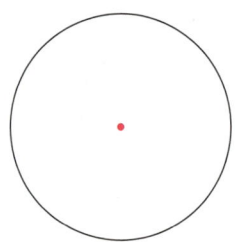

5 점 ㅇ을 중심으로 지름이 2cm, 3cm인 원을 각각 그려 보시오.

ㅇ

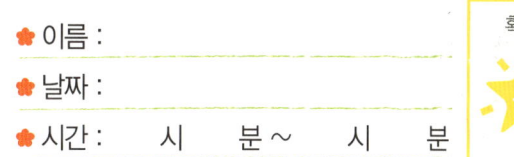

◆ **원의 반지름과 지름의 성질(1)** ◆

😊 그림을 보고 알맞은 말에 ○표 하시오. [1~2]

1
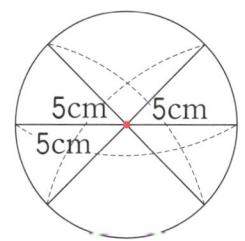

한 원에서 반지름은 모두 (같습니다, 다릅니다).

2

한 원에서 지름은 모두 (같습니다, 다릅니다).

3 반지름을 재어 보시오.

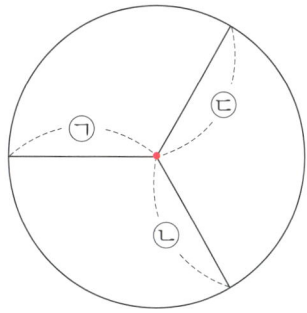

ㄱ _____ , ㄴ _____ , ㄷ _____

4 지름을 재어 보시오.

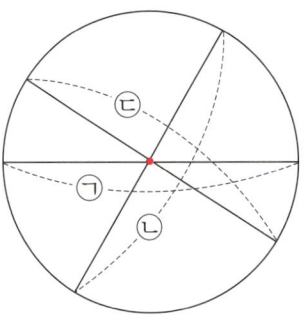

㉠ _____ , ㉡ _____ , ㉢ _____

5 반지름을 3개 그리고 길이를 각각 재어 보시오. 반지름은 모두 같습니까?

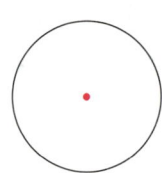

[답] _____

6 지름을 3개 그리고 길이를 각각 재어 보시오. 지름은 모두 같습니까?

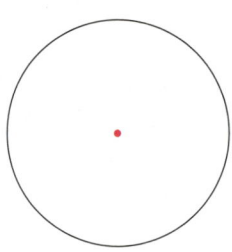

[답] _____

◆ 원의 반지름과 지름의 성질(2) ◆

😊 □ 안에 알맞은 수를 써넣으시오. [1~6]

1

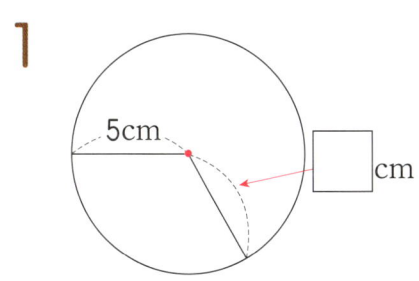

5cm

□cm

2

8cm

□cm

3

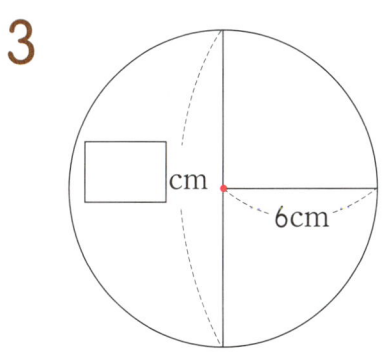

□cm

6cm

4

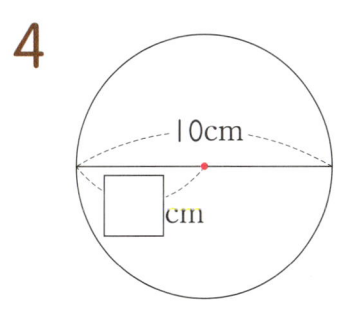

10cm

□cm

5

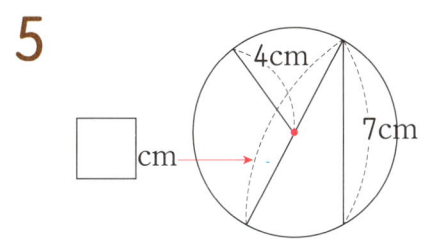

□cm

4cm

7cm

6

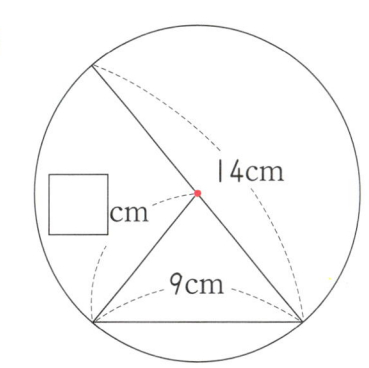

□cm

14cm

9cm

사고력 학습

🐸 원의 지름과 반지름을 각각 재어 보시오. [7~8]

7
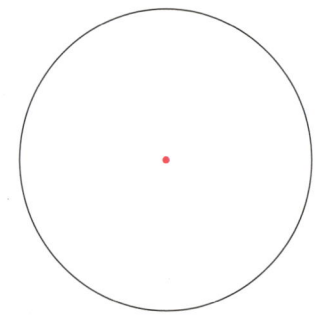

(지름) _____

(반지름) _____

8
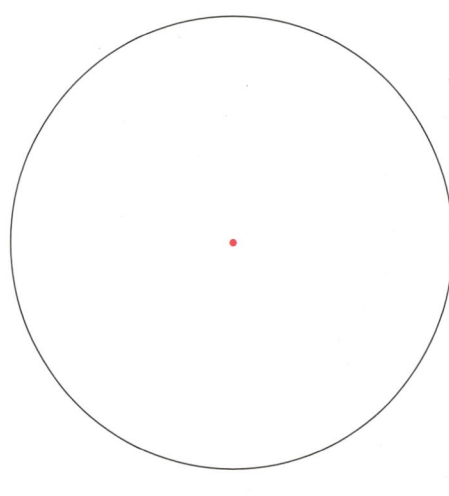

(지름) _____

(반지름) _____

9 선분의 길이를 재어 ☐ 안에 알맞은 수를 써넣으시오.

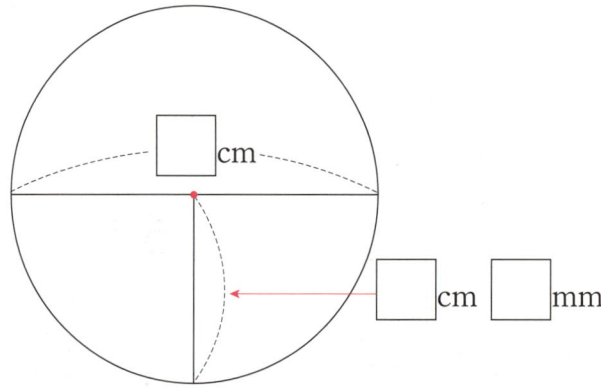

10 지름이 16cm인 원의 반지름은 몇 cm입니까?

[답] _____

✿ 이름 :

✿ 날짜 :

✿ 시간 :　　시　　분～　　시　　분

확인

◆ **원의 반지름과 지름의 성질**(3) ◆

1 오른쪽과 같이 정사각형 안에 가장 큰 원을 그렸습니다. 원의 반지름이 3cm일 때 □ 안에 알맞은 수를 써넣으시오.

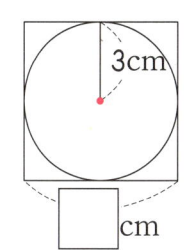

□ cm

2 한 변의 길이가 12cm인 정사각형 안에 가장 큰 원을 그리면 원의 반지름은 몇 cm입니까?

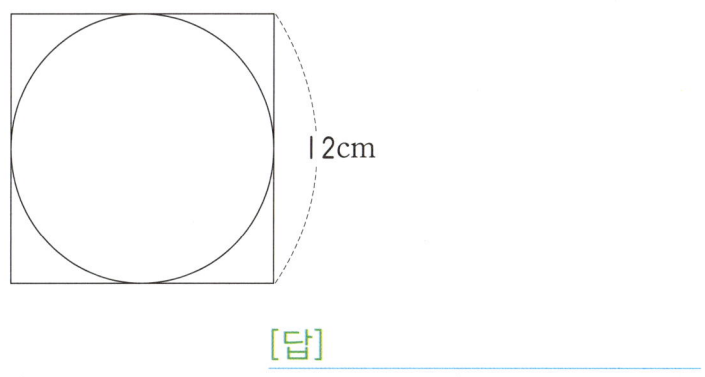

12cm

[답]

3 정사각형 안에 가장 큰 원을 그렸습니다. □ 안에 알맞은 수를 써넣으시오.

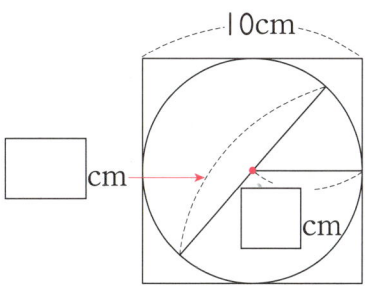

10cm

□ cm

□ cm

사고력 학습

4 가장 큰 원은 어느 것인지 기호를 쓰시오.

> ㉠ 반지름이 4cm인 원
> ㉡ 지름이 3cm인 원
> ㉢ 반지름이 5cm인 원
> ㉣ 지름이 9cm인 원

[답]

5 큰 원의 반지름은 몇 cm입니까?

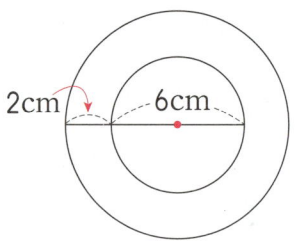

[답]

6 가장 작은 원의 반지름은 몇 cm입니까?

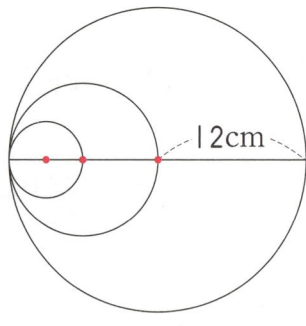

[답]

◆ **원으로 여러 가지 모양 그리기**(1) ◆

1 그림과 같이 모눈종이 위에 반지름을 한 칸씩 늘려 가며 차례로 원을 2개 더 그려 보시오.

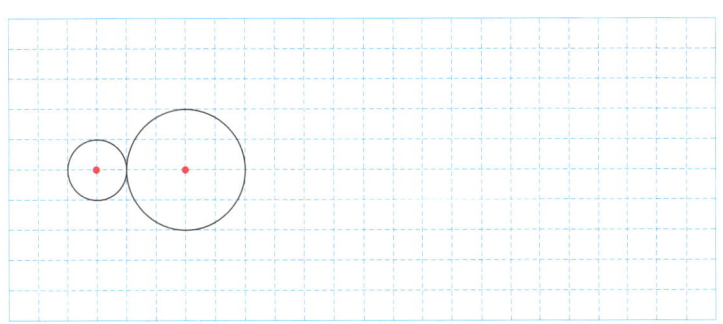

2 그림과 같이 모눈종이 위에 반지름을 한 칸씩 늘려 가며 차례로 원을 2개 더 그려 보시오.

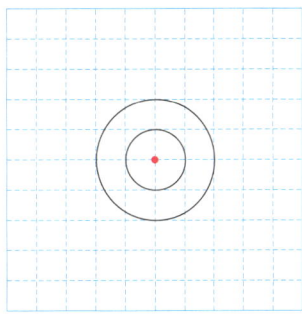

3 원의 반지름은 같고 원의 중심을 옮겨 가며 그린 것은 어느 것입니까?

가 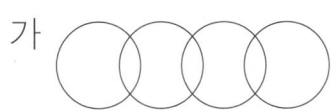   나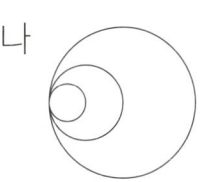

[답]

🐸 그림을 보고 물음에 답하시오. [4~5]

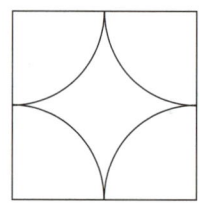

4 위와 같은 모양을 그리려면 컴퍼스의 침을 꽂아야 할 곳은 몇 군데입니까?

[답]

5 자와 컴퍼스를 이용하여 위와 같은 무늬를 그려 보시오.

6 그림과 같은 모양을 그릴 때 원의 중심이 되는 점은 모두 몇 개입니까?

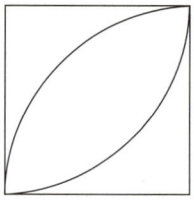

[답]

🚗 사고력 학습

✿ 이름 :

✿ 날짜 :

✿ 시간 :　시　분 ~　시　분

확인

◆ 원으로 여러 가지 모양 그리기(2) ◆

1 원의 중심을 옮기지 않고 그린 것을 찾아 기호를 쓰시오.

ㄱ 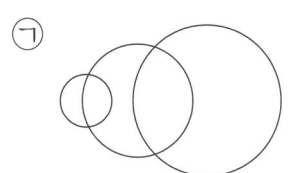　　ㄴ 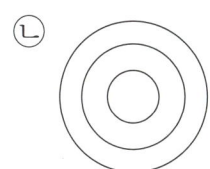　　ㄷ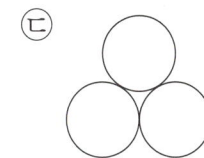

[답]

2 그림과 같은 모양을 그릴 때 원의 중심은 모두 몇 개입니까?

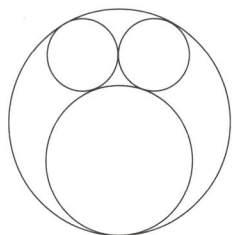

[답]

3 자와 컴퍼스를 사용하여 왼쪽과 같은 모양을 그려 보시오.

 ➡

사고력 학습

4 그림과 같은 모양을 그리려면 컴퍼스의 침을 꽂아야 할 곳은 몇 군데입니까?

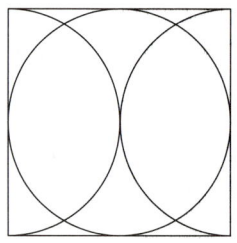

[답]

🐸 자와 컴퍼스를 사용하여 왼쪽과 같은 무늬를 그려 보시오. [5~6]

5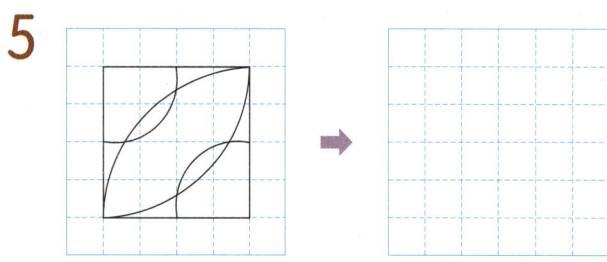

6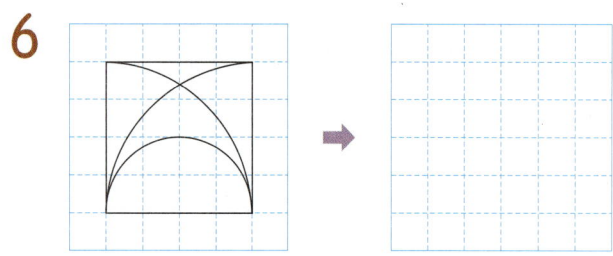

◆ **원의 성질 활용(1)** ◆

1 두 원의 크기는 같습니다. 선분 ㄱㄴ의 길이는 몇 cm입니까?

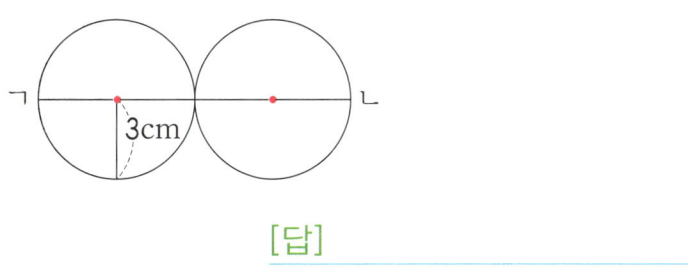

[답]

2 다음은 크기가 같은 원 5개를 서로 원의 중심이 지나도록 겹쳐서 그린것 입니다. 물음에 답하시오.

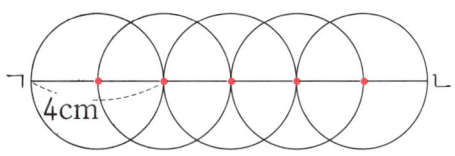

(1) 원의 반지름은 몇 cm입니까?

[답]

(2) 선분 ㄱㄴ의 길이는 원의 반지름의 몇 배입니까?

[답]

(3) 선분 ㄱㄴ의 길이는 몇 cm입니까?

[답]

3 다음 원 6개는 크기가 모두 같고, 점 ㄴ, ㄷ, ㄹ, ㅁ, ㅂ, ㅅ은 원의 중심입니다. 선분 ㄱㅇ의 길이는 몇 cm입니까?

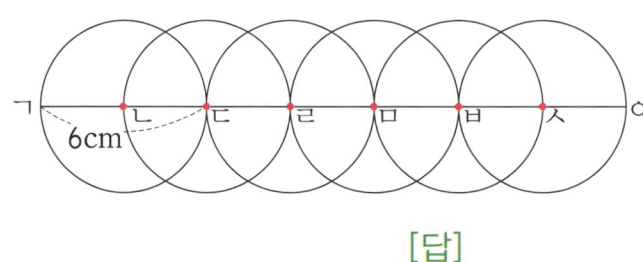

[답]

4 선분 ㄱㄴ의 길이는 18cm입니다. 한 원의 지름은 몇 cm입니까?

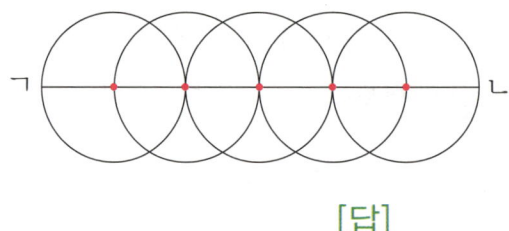

[답]

5 큰 원의 지름이 16cm라면 작은 원의 반지름은 몇 cm입니까?

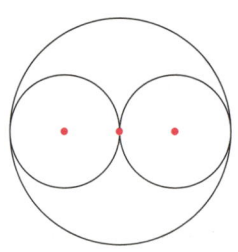

[답]

✿ 이름 :

✿ 날짜 :

✿ 시간 :   시   분 ~   시   분

확인

◆ 원의 성질 활용(2) ◆

1 직사각형 안에 크기가 같은 원 **3**개를 이어 붙여서 그렸습니다. 직사각형의 네 변의 길이의 합이 **32cm**입니다. 물음에 답하시오.

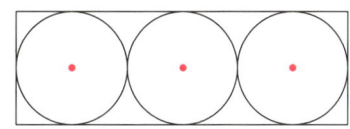

(1) 직사각형의 가로는 원의 지름의 몇 배입니까?

[답]

(2) 직사각형의 네 변의 길이의 합은 원의 지름의 몇 배입니까?

[답]

(3) 원의 지름은 몇 cm입니까?

[답]

2 정사각형 안에 크기가 같은 원 **4**개를 이어 붙여서 그렸습니다. 원의 지름은 몇 cm입니까?

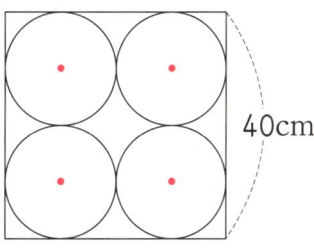

40cm

[답]

3 직사각형 안에 크기가 같은 원 3개를 이어 붙여서 그렸습니다. 원의 반지름이 3cm일 때 직사각형의 네 변의 길이의 합은 몇 cm입니까?

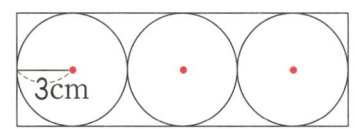

[답]

4 정사각형 안에 크기가 같은 원 4개를 이어 붙여서 그렸습니다. 정사각형의 네 변의 길이의 합은 몇 cm입니까?

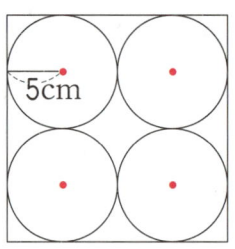

[답]

5 크기가 같은 원 4개를 서로 맞닿게 그린 후 원의 중심을 연결하여 정사각형을 만들었습니다. 원의 지름이 8cm일 때 정사각형의 네 변의 길이의 합은 몇 cm입니까?

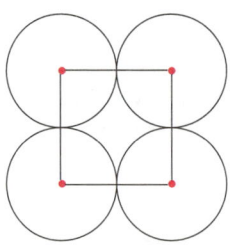

[답]

 사고력 학습

♣ 이름 :

♣ 날짜 :

♣ 시간 :   시   분 ~   시   분

확인

◆ **원의 성질 활용(3)** ◆

1 그림과 같이 크기가 같은 원 3개를 중심으로 이어 세 변의 길이가 같은 삼각형을 만들었습니다. 삼각형의 세 변의 길이의 합은 24cm입니다. 물음에 답하시오.

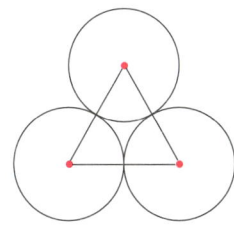

(1) 삼각형의 세 변의 길이의 합은 원의 반지름의 몇 배입니까?

[답]

(2) 원의 반지름은 몇 cm입니까?

[답]

2 그림과 같이 크기가 같은 원 2개를 그려 삼각형을 만들었습니다. 삼각형 ㄷㄹㅁ의 세 변의 길이의 합이 15cm일 때 선분 ㄱㄴ의 길이는 몇 cm입니까?

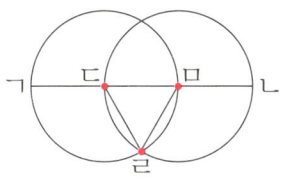

[답]

3 그림에서 큰 원의 지름은 20cm입니다. 작은 원의 반지름은 몇 cm입니까?

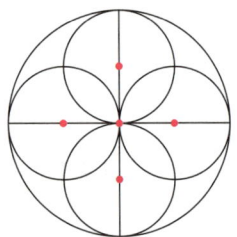

[답]

4 원 안의 삼각형 ㅇㄱㄴ의 세 변의 길이의 합이 21cm라면, 원의 지름은 몇 cm입니까?

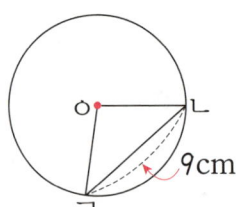

[답]

5 사각형 ㄱㄴㄷㄹ의 네 변의 길이의 합은 몇 cm입니까?

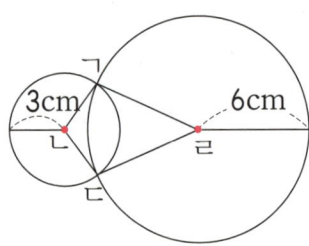

[답]

★ 이름 :

★ 날짜 :

★ 시간 :   시   분 ~   시   분

확인

🌐 창의력 학습

미정이가 그림과 같이 크기가 같은 국 그릇과 밥 그릇을 직사각형 상자에 원의 중심을 일렬로 하여 넣었습니다. 국 그릇과 밥 그릇의 반지름은 각각 몇 cm입니까? (단, 국 그릇과 밥 그릇의 두께는 생각하지 않습니다.)

(국 그릇)

(밥 그릇)

다음은 크기가 같은 원을 서로 원의 중심이 지나도록 겹쳐서 그린 것입니다. 원의 지름이 모두 10cm라고 할 때, 삼각형 ㄱㄴㄷ의 세 변의 길이의 합은 몇 cm입니까?

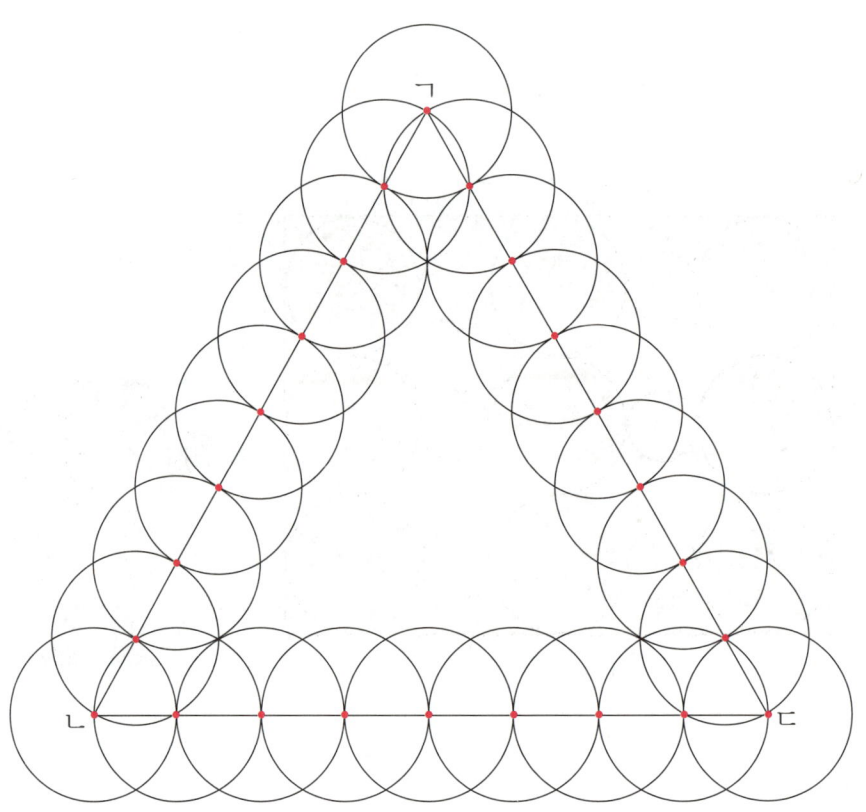

[답]

✿ 이름 :

✿ 날짜 :

✿ 시간 :　　시　분～　시　분

확인

 경시대회 예상문제

1 자와 컴퍼스를 이용하여 오른쪽 그림과 같은 모양을 그리려고 합니다. 컴퍼스의 침을 꽂아야 할 곳은 모두 몇 군데입니까?

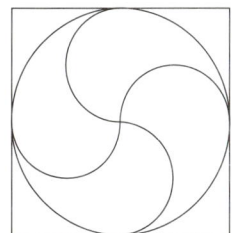

[답]

2 오른쪽 그림은 크기가 같은 원 2개를 서로 원의 중심이 지나도록 겹쳐서 그린 것입니다. 사각형 ㄱㄴㄷㄹ의 네 변의 길이의 합이 36cm일 때, 원의 반지름은 몇 cm입니까?

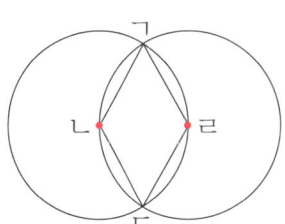

[답]

3 가장 큰 원의 반지름은 몇 cm입니까?

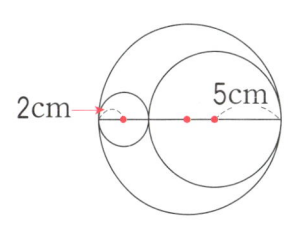

2cm　　　5cm

[답]

4 선분 ㄱㄹ의 길이는 몇 cm입니까?

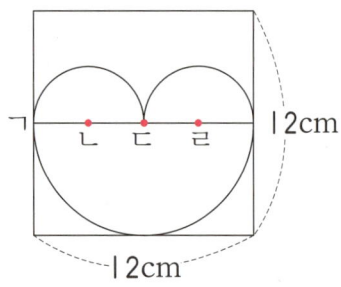

[답]

5 원의 반지름이 9cm일 때 직사각형 ㄱㄴㄷㄹ의 네 변의 길이의 합은 몇 cm입니까?

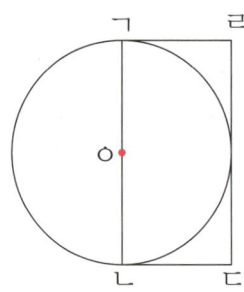

[답]

6 선분 ㄱㄴ의 길이는 몇 cm입니까?

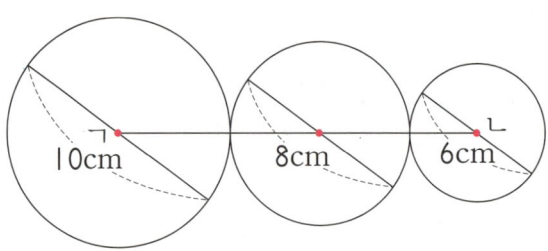

[답]

7 크기가 같은 원 8개를 서로 원의 중심이 지나도록 겹쳐서 그린 것입니다. 직사각형 ㄱㄴㄷㄹ의 네 변의 길이의 합은 몇 cm입니까?

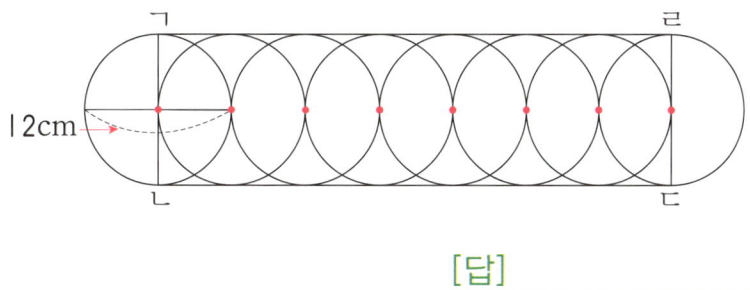

[답]

8 삼각형 ㄱㄴㄷ의 세 변의 길이의 합은 몇 cm입니까?

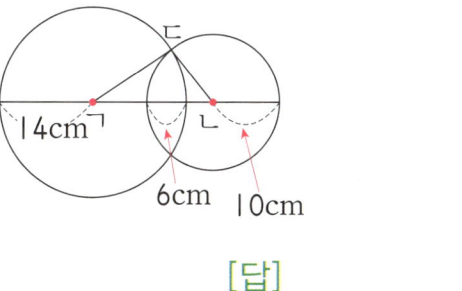

[답]

9 그림과 같이 반지름이 4cm인 원을 서로 원의 중심을 지나도록 그렸습니다. 그려진 원은 모두 몇 개입니까?

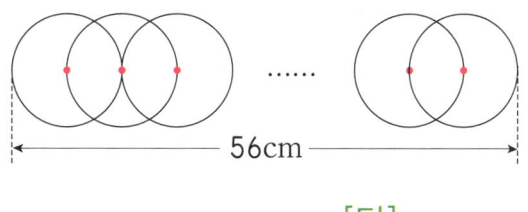

[답]

서술형·논술형

10 크기가 다른 4개의 원을 서로 겹치지 않게 붙여 놓았습니다. 사각형 ㄱㄴㄷㄹ의 네 변의 길이의 합은 몇 cm인지 풀이 과정을 쓰고 답을 구하시오.

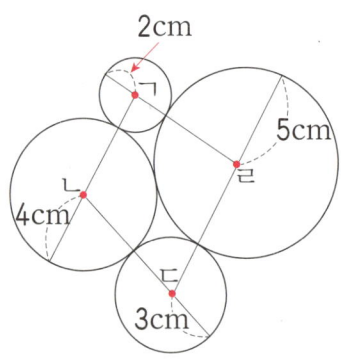

[답]

서술형·논술형

11 선분 ㅁㅇ의 길이는 몇 cm인지 풀이 과정을 쓰고 답을 구하시오.

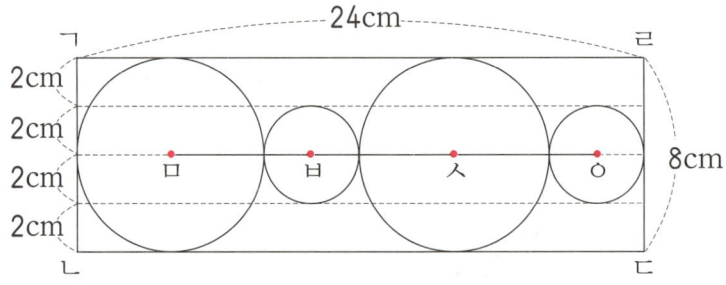

[답]

사고력도 탄탄! 창의력도 탄탄!
기탄고력수학

G4

🐜 G226a ~ G240b

학습 관리표

학습 내용		이번 주는?
확인 학습	· 덧셈과 뺄셈 · 곱셈 · 원 · 창의력 학습 · 경시대회 예상문제 · 성취도 테스트	• 학습 방법 : ① 매일매일　② 가끔　③ 한꺼번에 　　　　　　하였습니다. • 학습 태도 : ① 스스로 잘　② 시켜서 억지로 　　　　　　하였습니다. • 학습 흥미 : ① 재미있게　② 싫증내며 　　　　　　하였습니다. • 교재 내용 : ① 적합하다고　② 어렵다고　③ 쉽다고 　　　　　　하였습니다.

지도 교사가 부모님께	부모님이 지도 교사께

평가	Ⓐ 아주 잘함	Ⓑ 잘함	Ⓒ 보통	Ⓓ 부족함

원(교)　　　　　반　이름　　　　　전화

기초부터 탄탄하게
G 기탄교육

www.gitan.co.kr / (02)586-1007(대)

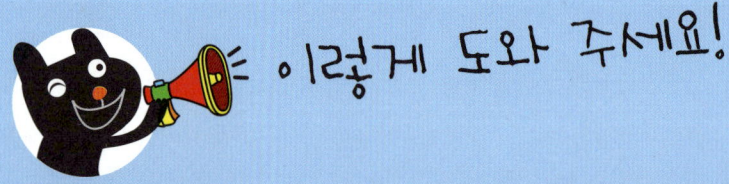

이렇게 도와 주세요!

● 학습 목표
– 네 자리 수의 범위에서 덧셈과 뺄셈의 계산 원리와 형식을 알고 계산할 수 있고 세
  수의 덧셈과 뺄셈, 혼합 계산을 여러 가지 방법으로 계산할 수 있습니다.
– (세 자리 수)×(한 자리 수), (몇십)×(몇십), (두 자리 수)×(몇십), (두 자리 수)×(두
  자리 수)의 계산 원리를 이해하고 계산할 수 있습니다.
– 원의 중심과 반지름, 지름의 뜻을 알고, 원의 지름과 반지름의 관계를 이해하고 원
  의 성질을 이용하여 생활 속의 문제를 해결할 수 있습니다.

● 지도 내용
– 네 자리 수와 세 자리 수, 네 자리 수와 네 자리 수의 덧셈, 뺄셈 문제 해결을 확인
  합니다.
– 세 수의 계산 문제를 해결하고 덧셈과 뺄셈 문장제 해결을 확인합니다.
– (세 자리 수)×(한 자리 수), (몇십)×(몇십), (두 자리 수)×(몇십), (두 자리 수)×(두
  자리 수)의 계산 원리를 이해하고 바르게 계산합니다.
– 곱셈이 이용되는 여러 가지 문제를 해결합니다.
– 원의 중심과 반지름을 구하고 컴퍼스를 이용하여 원을 그릴 수 있는지 확인합니다.
– 정사각형과 원을 이용하여 똑같은 모양을 그릴 수 있는지 확인하고 원의 성질을 이
  용하여 여러 가지 문제를 해결합니다.

● 지도 요점
앞에서 학습한 덧셈과 뺄셈, 곱셈, 원을 확인 학습하는 주입니다.
여러 유형의 문제를 접해 보게 함으로써 아이가 학습한 지식을 잘 응용할 수 있
도록 지도해 주십시오. 그리고 성취도 테스트를 이용해서 주어진 시간 내에 주어
진 문제를 푸는 연습을 하도록 지도해 주십시오.

● 이름 :

● 날짜 :

● 시간 :   시   분 ~   시   분

확인

◆ **덧셈과 뺄셈** ◆

😀 다음을 계산하시오. [1~2]

1 5463+758

2 6010-794

😀 다음을 계산하시오. [3~4]

3
```
    3 3 9 4
  + 4 8 5 6
```

4
```
    4 0 1 5
  - 1 3 8 7
```

5 빈 곳에 알맞은 수를 써넣으시오.

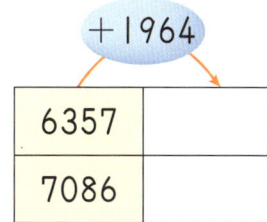

+1964

| 6357 | |
| 7086 | |

확인 학습

6 빈 곳에 두 수의 차를 써넣으시오.

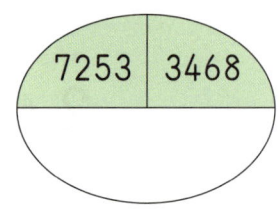

7253 | 3468

7 두 수의 합과 차를 구하시오.

5267	2988

(합) _____ , (차) _____

8 ○ 안에 >, =, <를 알맞게 써넣으시오.

1874＋3467 ◯ 8007－2349

 확인 학습

 □ 안에 알맞은 수를 써넣으시오. [9~10]

9 2746＋1857＋3798＝ ☐

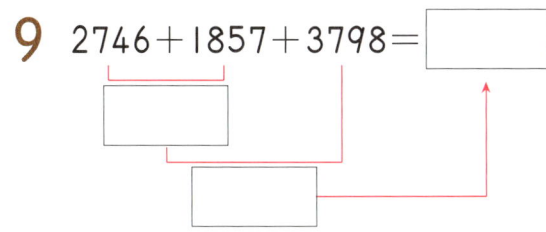

10 8134－3687－2679＝ ☐

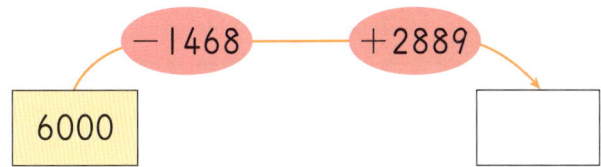 다음을 계산하시오. [11~12]

11 2738＋1894－2957

12 7024－3658＋4756

13 빈 곳에 알맞은 수를 써넣으시오.

6000 ⟶ －1468 ⟶ ＋2889 ⟶ ☐

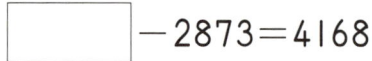

14 □ 안에 알맞은 수를 써넣으시오.

$$\boxed{} - 2873 = 4168$$

15 계산 결과가 3000보다 작은 것을 찾아 기호를 쓰시오.

> ㉠ 8000 − 4999
> ㉡ 1984 + 1118
> ㉢ 5562 − 2673

[답] _____

16 두 수의 합이 9165인 두 수를 찾아 □ 안에 알맞은 수를 써넣으시오.

> 3978   5487   3678

$$\boxed{} + \boxed{} = 9165$$

 확인 학습

17 두 수의 차가 가장 크게 되도록 두 수를 골라 차를 구하시오.

| 3789 | 5367 | 8014 |

□ − □ = □

18 □ 안에 들어갈 수 있는 수 중에서 가장 큰 수를 구하시오.

6100 − □ > 3255

[답]

19 가장 큰 수에서 나머지 두 수를 빼면 얼마입니까?

| 3837 | 7124 | 2999 |

[답]

확인 학습

20 □ 안에 알맞은 수를 써넣으시오.

$$3746 + 1668 + \boxed{} = 7210$$

21 그림에서 ㉡에서 ㉢까지의 거리를 구하시오.

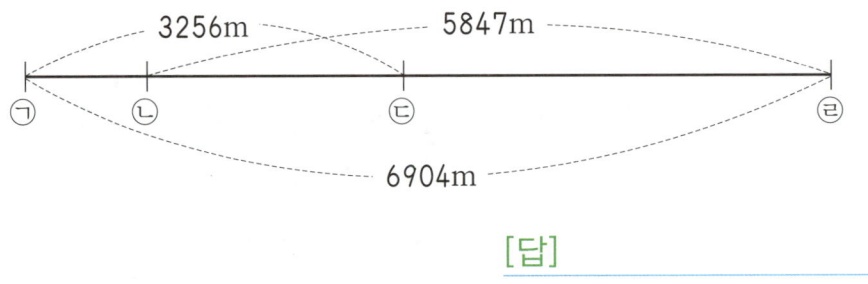

[답]

22 계산 결과가 가장 큰 것을 찾아 기호를 쓰시오.

> ㉠ $4465 + 2677 - 2364$
> ㉡ $9352 - 1768 - 1697$
> ㉢ $6035 - 2987 + 1999$

[답]

 확인 학습

23 4장의 숫자 카드를 한 번씩만 사용하여 네 자리 수를 만들 때 가장 큰 수와 가장 작은 수의 차를 구하시오.

[답] _____

24 효정이가 사는 아파트 단지는 3728가구이고 수철이가 사는 아파트 단지는 1896가구입니다. 효정이와 수철이가 사는 아파트 단지는 모두 몇 가구입니까?

[식] _____ [답] _____

25 좌석이 8000석인 실내 체육관에 5875명이 입장하여 앉았습니다. 남은 좌석은 몇 석입니까?

[식] _____ [답] _____

확인 학습

26 축구장에 입장한 사람 중에서 여자가 3468명이고 남자는 여자보다 1785명 더 많습니다. 축구장에 입장한 사람은 모두 몇 명입니까?

[답]

27 시골 농장에서 무를 어제는 1057개, 오늘은 978개를 생산하였습니다. 내일 몇 개를 생산하면 모두 4000개가 됩니까?

[답]

28 연호, 진서, 영주는 함께 9500원을 모으기로 하였습니다. 연호는 진서보다 1260원 더 내기로 하였습니다. 연호가 4150원을 냈다면 영주는 얼마를 내야 합니까?

[답]

 확인 학습

✿ 이름 :

✿ 날짜 :

✿ 시간 :   시   분~   시   분

확인

◆ 곱셈 ◆

😊 곱셈을 하시오. [1~2]

1 232 × 3

2 421 × 2

3 □ 안에 알맞은 수를 써넣으시오.

$$39 \times 50 = \boxed{}0$$

$$39 \times 5 = \boxed{}$$

😊 곱셈을 하시오. [4~5]

4   6 8 3
     ×   4
   ―――――――

5   5 7
     × 3 2
   ―――――――

확인 학습

6 다음 식을 간단한 식으로 나타내시오.

> 793＋793＋793＋793＋793

[식] _____

7 빈칸에 알맞은 수를 써넣으시오.

×	30	60	90
40			

8 □ 안에 알맞은 수를 써넣으시오.

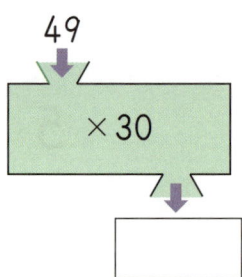

49

× 30

9 두 수의 곱을 빈 곳에 써넣으시오.

28	64

10 곱의 크기를 비교하여 ○ 안에 >, =, <를 알맞게 써넣으시오.

$$468 \times 6 \bigcirc 31 \times 90$$

11 빈 곳에 알맞은 수를 써넣으시오.

×	57	60	
×	19	78	

12 계산이 잘못된 곳을 찾아 바르게 고치고 이유를 쓰시오.

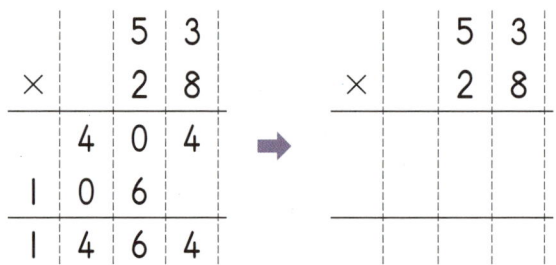

```
      5 3              5 3
  ×   2 8          ×   2 8
  ─────────        ─────────
    4 0 4
  1 0 6
  ─────────
  1 4 6 4
```

[이유]

----

13 빈 곳에 알맞은 수를 써넣으시오.

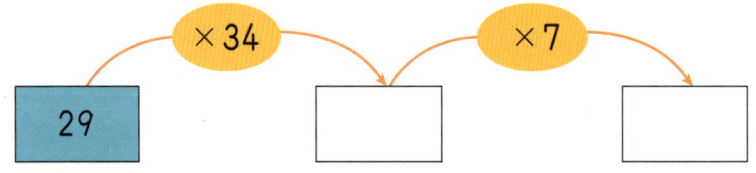

```
        ( ×34 )          ( ×7 )
  [ 29 ] ──────→ [    ] ──────→ [    ]
```

14 30×60과 계산 결과가 같은 것을 찾아 기호를 쓰시오.

ㄱ 48×40   ㄴ 225×8   ㄷ 65×26

[답] _____

확인 학습

15 곱이 큰 순서대로 기호를 쓰시오.

> ㉠ 30 × 90　　　㉡ 84 × 32　　　㉢ 385 × 7

[답] _____

16 □ 안에 들어갈 수 있는 수 중에서 가장 작은 수를 구하시오.

> 49 × □0 > 3400

[답] _____

17 □ 안에 알맞은 숫자를 써넣으시오.

```
        □ 2
    ×   8 □
    ───────
      1 6 0
    2 □ 6
    ───────
    2 □ 2 0
```

18 어느 공장에서 하루에 234개의 물건을 만든다고 합니다. 이 공장에서 일주일 동안 만드는 물건은 모두 몇 개입니까?

[식] _____   [답] _____

19 사과가 한 상자에 15개씩 들어 있습니다. 40상자에 들어 있는 사과는 모두 몇 개입니까?

[식] _____   [답] _____

20 꽃 한 송이를 만드는 데 색 테이프가 38cm 필요합니다. 꽃 62송이를 만들려면 색 테이프가 몇 cm 필요합니까?

[식] _____   [답] _____

21 민규는 우표를 357장 모았고, 정현이는 민규가 모은 우표의 3배를 모았습니다. 정현이가 모은 우표는 모두 몇 장입니까?

[식]   [답]

22 한 상자에 연필이 10타씩 들어 있습니다. 9상자에 들어 있는 연필은 모두 몇 자루입니까?

[답]

23 수정이는 줄넘기를 16일 동안은 하루에 70번씩 했고, 15일 동안은 하루에 85번씩 했습니다. 수정이는 31일 동안 줄넘기를 모두 몇 번 했습니까?

[답]

확인 학습

24 어떤 수에 59를 곱해야 하는데 잘못하여 59를 더했더니 104가 되었습니다. 바르게 계산하면 얼마입니까?

[답]

25 효성이는 1분에 73m를 걷고, 지민이는 1분에 69m를 걷습니다. 효성이와 지민이가 각각 이와 같은 빠르기로 걷는다면 1시간 동안 누가 몇 m 더 많이 걷겠습니까?

[답]

26 연호가 동화책을 하루에 24쪽씩 2주일 동안 읽었더니 12쪽이 남았습니다. 이 동화책은 모두 몇 쪽입니까?

[답]

✿ 이름 :

✿ 날짜 :

✿ 시간 :　　시　　분 ~　　시　　분

확인

◆ 원 ◆

1 □ 안에 알맞은 말을 써넣으시오.

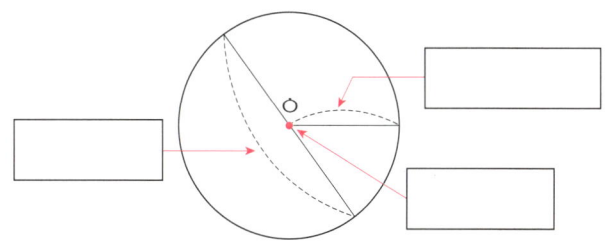

🐸 그림을 보고 물음에 답하시오. [2~3]

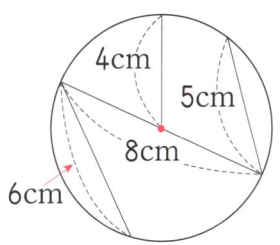

2 원의 반지름은 몇 cm 입니까?

[답]

3 원의 지름은 몇 cm 입니까?

[답]

확인 학습

4 점 ㅇ은 원의 중심입니다. 원의 반지름을 그리고 그 길이를 재어 보시오.

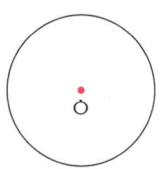

[답] _____

5 반지름이 4cm인 원을 그리는 과정입니다. 순서대로 기호를 쓰시오.

> ㉠ 컴퍼스를 4cm가 되도록 벌립니다.
> ㉡ 컴퍼스의 침을 점 ㅇ에 꽂고, 원을 그립니다.
> ㉢ 원의 중심이 되는 점 ㅇ을 정합니다.

[답] _____

6 점 ㅇ을 원의 중심으로 지름이 3cm인 원을 그려 보시오.

ㅇ

7 반지름이 가장 긴 것을 찾아 기호를 쓰시오.

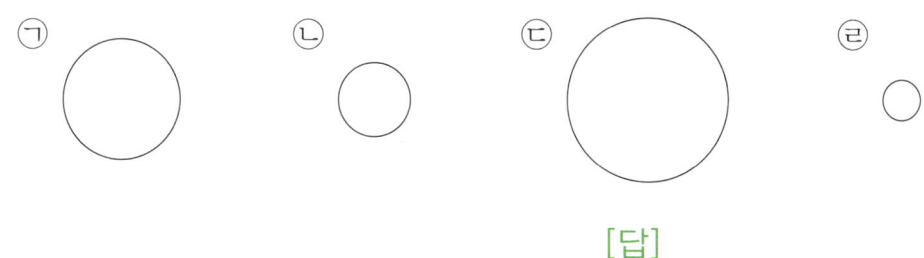

ㄱ   ㄴ   ㄷ   ㄹ

[답]

□ 안에 알맞은 수를 써넣으시오. [8~9]

8

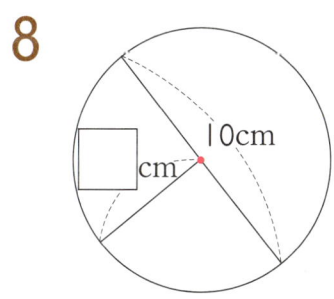

10cm

□cm

9

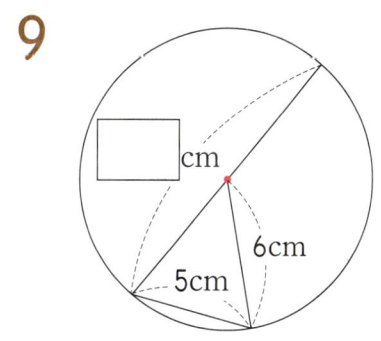

□cm

6cm

5cm

10 반지름이 7cm인 원의 지름은 몇 cm입니까?

[답]

11 한 변의 길이가 6cm인 정사각형 안에 가장 큰 원을 그리면 원의 반지름은 몇 cm입니까?

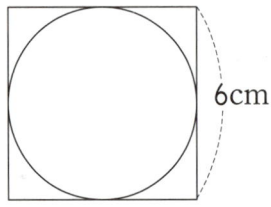

6cm

[답]

12 가장 큰 원을 찾아 기호를 쓰시오.

> ㉠ 지름이 7cm인 원
> ㉡ 반지름이 4cm인 원
> ㉢ 지름이 10cm인 원
> ㉣ 반지름이 7cm인 원

[답]

13 가장 큰 원의 반지름은 몇 cm입니까?

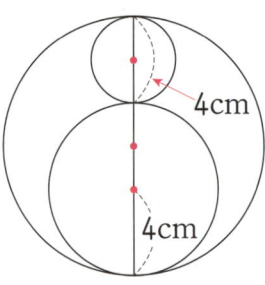

4cm

4cm

[답]

14 그림과 같이 모눈종이 위에 지름을 두 칸씩 늘려 가며 차례로 원을 2개 더 그려 보시오.

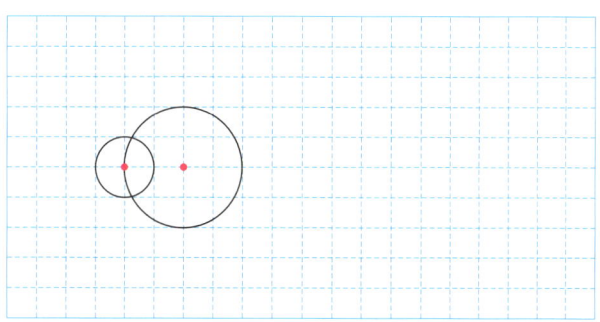

15 원의 중심의 개수가 가장 많은 것은 어느 것인지 기호를 쓰시오.

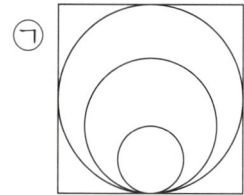
ㄱ

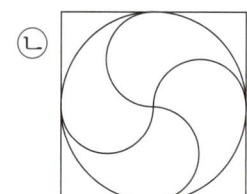
ㄴ

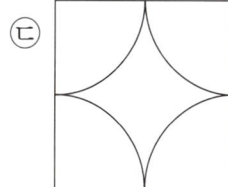
ㄷ

[답]

16 자와 컴퍼스를 사용하여 왼쪽과 같은 무늬를 그려 보시오.

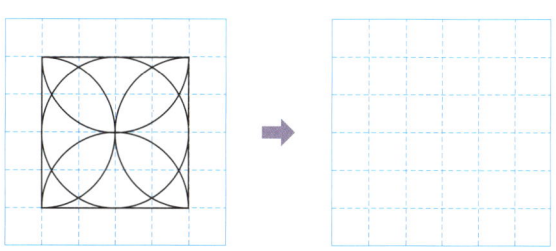

17 두 원의 크기는 같습니다. 선분 ㄱㄴ의 길이는 몇 cm입니까?

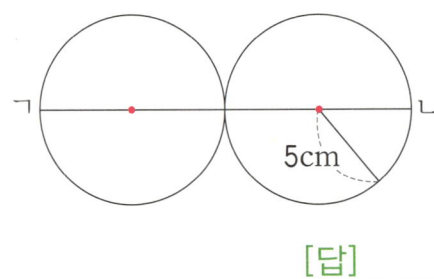

[답] _____

18 그림과 같이 직사각형 안에 크기가 같은 원 3개를 이어 붙여서 그렸습니다. 직사각형의 네 변의 길이의 합은 몇 cm입니까?

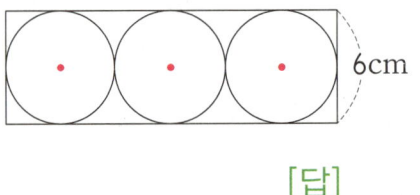

[답] _____

19 컴퍼스를 사용하여 왼쪽 무늬를 오른쪽에 완성하고, 큰 원의 지름을 구하시오.

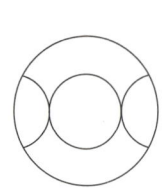 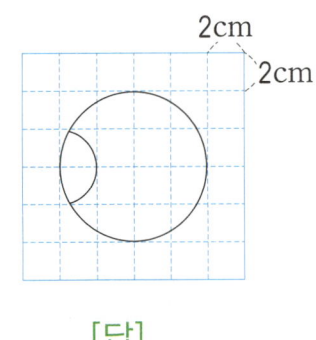

[답] _____

20 크기가 같은 원 6개를 서로 원의 중심이 지나도록 겹쳐서 그린 것입니다. 선분 ㄱㄴ의 길이는 몇 cm입니까?

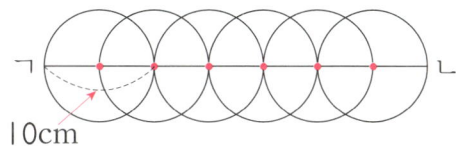

10cm

[답]

21 그림과 같이 크기가 같은 원 3개를 중심으로 이어 세 변의 길이가 같은 삼각형을 만들었습니다. 삼각형의 세 변의 길이의 합이 36cm일 때 원의 반지름은 몇 cm입니까?

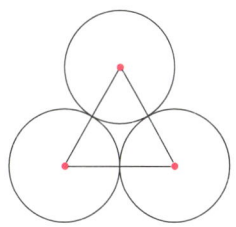

[답]

22 한 변의 길이가 16cm인 정사각형 안에 반지름이 2cm인 원을 겹치지 않게 그리면 몇 개까지 그릴 수 있습니까?

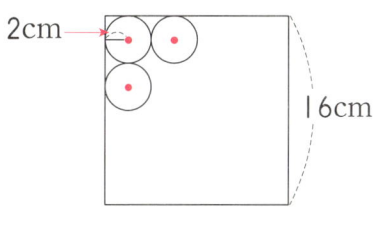

2cm

16cm

[답]

확인 학습

23 가장 큰 원의 지름은 몇 cm입니까?

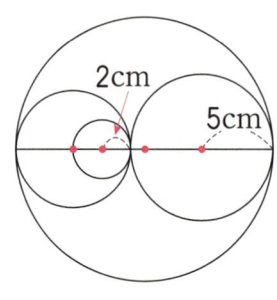

2cm
5cm

[답] _____

24 그림에서 사각형 ㄱㄴㄷㄹ의 네 변의 길이의 합은 몇 cm입니까?

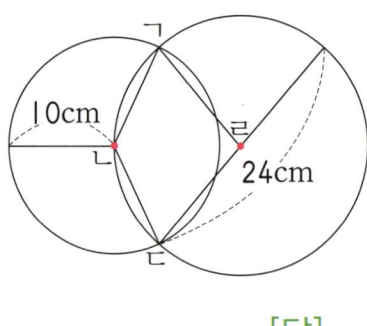

ㄱ
10cm
ㄴ
ㄹ
24cm
ㄷ

[답] _____

25 직사각형 안에 크기가 같은 원 4개를 서로 원의 중심을 지나도록 겹쳐 그린 것입니다. 직사각형의 네 변의 길이의 합은 몇 cm입니까?

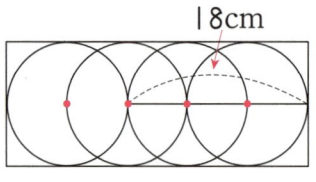

18cm

[답] _____

✿ 이름 :

✿ 날짜 :

✿ 시간 :　시　분~　시　분

확인

🔵 창의력 학습

정수는 밥, 국, 반찬 중에서 1가지씩 골라 4000원을 모두 쓰려고 합니다. 정수가 선택할 수 있는 식단은 모두 몇 가지가 있는지 알아보시오.

(1) 쌀밥을 먹을 때, 먹을 수 있는 국과 반찬은 어떤 경우가 있습니까?

(　쌀밥　,　　　　　,　　　　　)

(2) 돌솥밥을 먹을 때, 먹을 수 있는 국과 반찬은 어떤 경우가 있습니까?

(　돌솥밥　,　　　　　,　　　　　), (　돌솥밥　,　　　　　,　　　　　)

(3) 정수가 선택할 수 있는 식단은 모두 몇 가지가 있습니까?

[답]

똘이는 원 모양의 징검다리에 굵은 선을 따라 가면 무사히 강을 건널 수 있습니다. 똘이가 굵은 선을 따라서 모두 몇 m를 가면 됩니까?

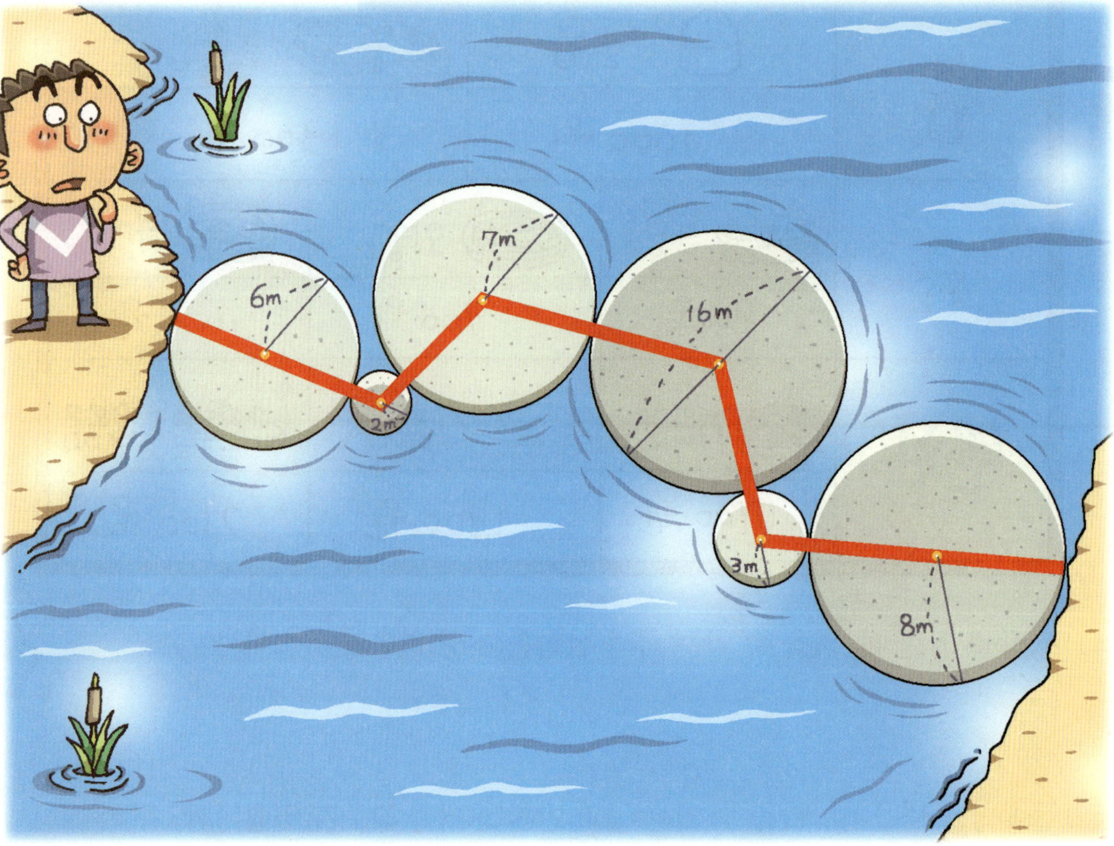

[답] _____

✿ 이름 :

✿ 날짜 :

✿ 시간 :　시　분 ~　시　분

확인

➕ 경시대회 예상문제

1 □ 안에 알맞은 숫자를 써넣으시오.

```
    □ 6 3 9
+   3 4 □ 5
─────────────
    8 □ 2 □
```

2 5장의 숫자 카드 중에서 4장을 뽑아 네 자리 수를 만들려고 합니다. 만들 수 있는 네 자리 수 중에서 가장 큰 수와 가장 작은 수의 차를 구하시오.

| 1 | 5 | 6 | 7 | 4 |

[답]

3 0부터 9까지의 숫자 중에서 □ 안에 들어갈 수 있는 숫자를 모두 구하시오.

$$2986 + 303\square < 6024$$

[답]

🐜 서술형·논술형

4 어떤 수에서 5379를 빼야 할 것을 잘못하여 5397을 뺐더니 1846이 되었습니다. 바르게 계산하면 얼마인지 풀이 과정을 쓰고 답을 구하시오.

_____

_____

[답]

5 □ 안에 공통으로 들어갈 숫자를 구하시오.

$$\begin{array}{r} \square\,\square\,\square \\ \times \quad\quad \square \\ \hline 3\,9\,9\,6 \end{array}$$

[답]

6 □ 안에 들어갈 수 있는 수 중에서 가장 작은 수를 구하시오.

$$59 \times \square\,0 > 4500$$

[답]

🐜 서술형·논술형

7 사과를 한 상자에 48개씩 65상자를 만들었더니 23개가 남았습니다. 사과는 모두 몇 개입니까?

_____

_____

[답] _____

8 7 , 3 , 1 , 9 4장의 숫자 카드를 한 번씩 사용하여 (두 자리 수)×(두 자리 수)의 식을 만들려고 합니다. 곱이 가장 큰 곱셈식을 만들고, 곱을 구하시오.

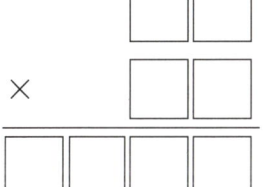

9 가장 큰 원의 반지름은 몇 cm입니까?

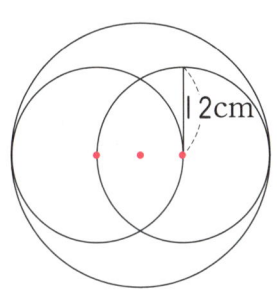

12cm

[답] _____

10 그림은 크기가 같은 원 3개를 서로 중심을 지나도록 그렸습니다. 사각형 ㄱㄴㄷㄹ과 ㅅㄹㅁㅂ의 모든 변의 길이의 합은 48cm입니다. 한 원의 지름은 몇 cm입니까?

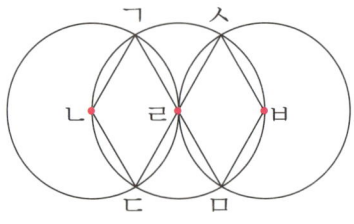

[답] _____

11 그림은 크기가 같은 원을 서로 중심을 지나도록 겹쳐 그린 것입니다. 그려진 원은 모두 몇 개입니까?

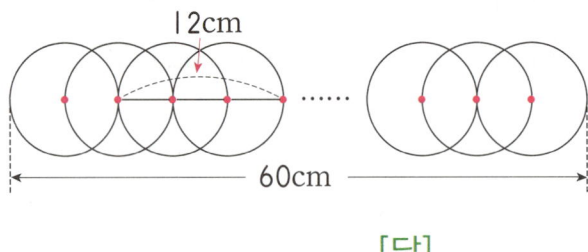

[답] _____

12 그림에서 큰 원의 지름은 작은 원의 지름의 2배입니다. 정사각형의 네 변의 길이의 합은 몇 cm입니까?

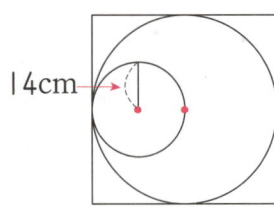

[답] _____

1 두 수의 합과 차를 구하시오.

| 7514   697 |

(합) _____ , (차) _____

😸 ○ 안에 >, =, <를 알맞게 써넣으시오. [2~3]

2 1645＋2368 ○ 2954＋1367

3 8543－3654 ○ 7315－2618

4 □ 안에 알맞은 수를 써넣으시오.

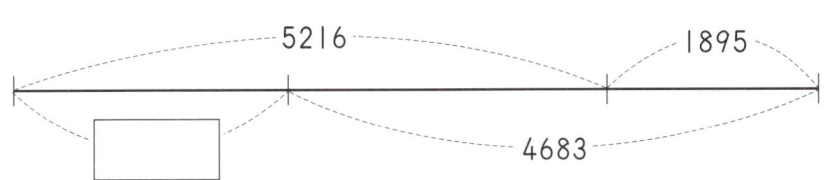

5 빈 곳에 알맞은 수를 써넣으시오.

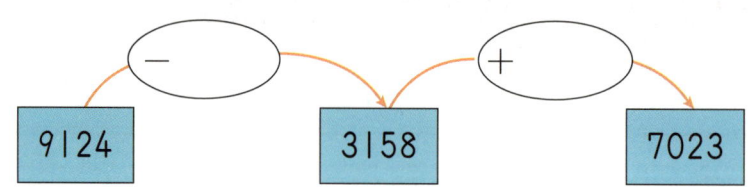

6 축구장에 입장한 사람은 모두 **8650**명입니다. 그중에서 남자가 **5759**명이라면 축구장에 입장한 여자는 몇 명입니까?

[식] _____ [답] _____

7 은수가 학교 운동장을 어제는 **1755m**를 달렸고, 오늘은 어제보다 **247m** 더 달렸습니다. 은수가 어제와 오늘 달린 거리는 모두 몇 **m**입니까?

[답] _____

8 **4**장의 숫자 카드로 네 자리 수를 만들 때 가장 큰 수와 두 번째로 작은 수의 차를 구하시오.

[답] _____

9 빈 곳에 알맞은 수를 써넣으시오.

	×→	
72	50	
36	49	

10 다음 중 80×30의 곱과 같은 것을 모두 고르시오. (   )

① $8 \times 3 \times 100$　　　② 10×24　　　③ $6 \times 40 \times 10$

④ 12×20　　　⑤ $3 \times 10 \times 2 \times 4$

11 곱이 큰 순서대로 기호를 쓰시오.

㉠ 123×5	㉡ 53×26
㉢ 268×4	㉣ 78×16

[답]

12 현수네 아파트 한 동에는 132가구가 살고 있습니다. 이와 같은 크기의 아파트 8동에는 모두 몇 가구가 살고 있습니까?

[식] _____　　　[답] _____

13 한 개에 450원 하는 과자를 3개 사고 2000원을 냈습니다. 얼마를 거슬러 받아야 합니까?

[답] _____

14 ☐ 안에 알맞은 숫자를 써넣으시오.

$$
\begin{array}{r}
2\ \boxed{} \\
\times\ \boxed{}\ 4 \\
\hline
1\ 1\ 2 \\
\boxed{}\ 4 \\
\hline
\boxed{}\ 5\ 2 \\
\end{array}
$$

15 원의 지름은 어느 것인지 기호를 쓰시오.

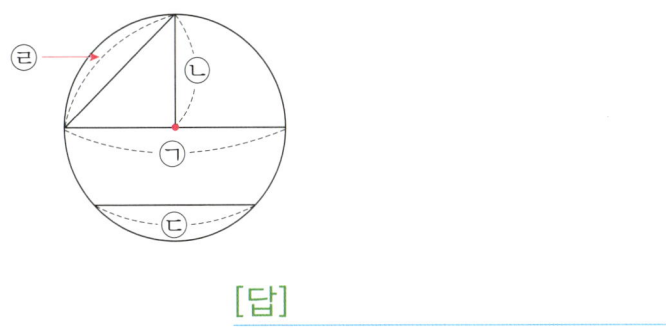

[답]

16 한 변의 길이가 8cm인 정사각형 안에 가장 큰 원을 그리면 원의 반지름은 몇 cm입니까?

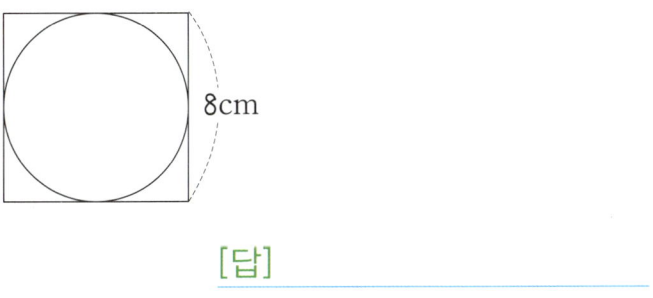

8cm

[답]

17 그림과 같은 모양을 그리려면 컴퍼스의 침을 꽂아야 할 곳은 몇 군데입니까?

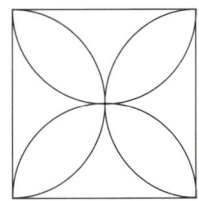

[답]

18 가장 큰 원의 반지름은 몇 cm입니까?

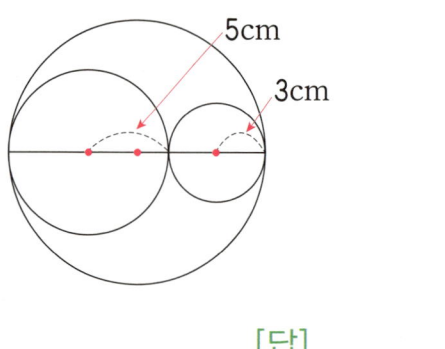

[답]

19 크기가 같은 원 7개를 서로 원의 중심이 지나도록 겹쳐서 그린 것입니다. 선분 ㄱㄴ의 길이는 몇 cm입니까?

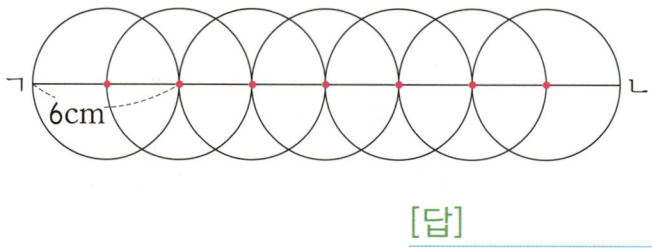

[답]

20 그림과 같이 직사각형 안에 크기가 같은 원 3개를 이어 붙여서 그렸습니다. 직사각형의 네 변의 길이의 합이 56cm일 때 원의 지름은 몇 cm입니까?

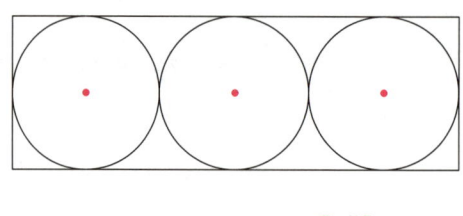

[답]

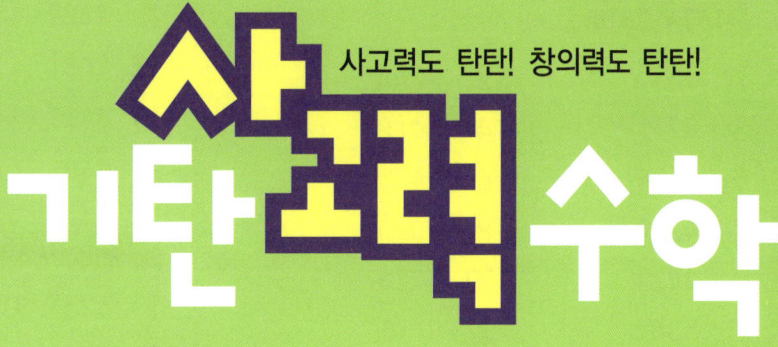

사고력도 탄탄! 창의력도 탄탄!

기탄 사고력 수학 해답

G181a~G240b

해답은 따로 보관하고 있다가
채점할 때 사용해 주세요.

181a~181b

1	5245	2	9202
3	8215	4	3011
5	6111	6	2453
7	4224	8	7000
9	3424	10	4226
11	5352	12	7410
13	6318	14	9013
15	8214	16	3751
17	7600	18	5741

182a~182b

1	4317	2	9011
3	7722	4	8180

5 2447
풀이 1649＋798＝2447

6
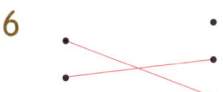

7 5081
풀이 가장 큰 수: 4584 가장 작은 수: 497
합: 4584＋497＝5081

8 ㉡
풀이 ㉠ 6975＋966＝7941
㉡ 558＋7694＝8252
㉢ 7125＋895＝8020
따라서 계산 결과가 가장 큰 것은 ㉡입니다.

9 [식] 1287＋969＝2256 [답] 2256명

10 [식] 1195＋817＝2012 [답] 2012개

183a~183b

1	7221	2	3125
3	8361	4	4104
5	9011	6	7481
7	5010	8	9862
9	5041	10	4900

11	7637	12	7010
13	7081	14	9720
15	8130	16	6030
17	8431	18	9132

184a~184b

1 6233, 9120

2 9704   3 8101

4 <
풀이 4096＋3984＝8080
6217＋1889＝8106
➡ 8080＜8106

5 (   )(   )(○)
풀이 3967＋2997＝6964
1642＋4379＝6021
5895＋1106＝7001
따라서 두 수의 합이 7000보다 더 큰 것은
5895＋1106＝7001입니다.

6 3532m

7 [식] 3867＋4259＝8126 [답] 8126명

8 [식] 3784＋1247＝5031 [답] 5031명

9 9231
풀이 어떤 수를 □라 하면
□－3942＝5289
□＝5289＋3942＝9231

185a~185b

1	2983	2	5216
3	3739	4	4186
5	6488	6	1689
7	3878	8	8589
9	247	10	1489
11	5969	12	4887
13	3874	14	2899
15	6385	16	5765
17	7106	18	8929

※해답은 따로 보관하고 있다가 채점할 때 사용해 주세요.

186a~186b

1 4227
2 5437
3 3477
4 4008
5 1379
풀이 2342−963=1379

6 >
풀이 3021−275=2746
➡ 2746>2740

7 <
풀이 8726−958=7768
➡ 7768<7868

8 3142, 867
풀이 3142−857=2285
3142−867=2275

9 ㉠
풀이 ㉠ 5618−699=4919
㉡ 5900−994=4906
따라서 계산 결과가 더 큰 것은 ㉠입니다.

10 [식] 1175−478=697 [답] 697장

11 1535권
풀이 (영수네 학교에서 산 공책 수)
=2500−965=1535(권)

187a~187b

1 1959
2 3385
3 1529
4 1468
5 2788
6 678
7 1557
8 2759
9 1389
10 988
11 3877
12 1764
13 87
14 5778
15 6597
16 1736
17 1897
18 1948

188a~188b

1 3417, 5559

2 1728
3 2799

4 <
풀이 5263−2485=2778
9201−6313=2888
➡ 2778<2888

5 4338
풀이 □+3876=8214
□=8214−3876=4338

6 2478
풀이 7234−□=4756
□=7234−4756=2478

7 ( )( )(○)
풀이 6716−3817=2899
5520−2563=2957
8324−5899=2425
따라서 두 수의 차가 2500보다 더 작은 것은 8324−5899=2425입니다.

8 ㉠
풀이 ㉠ 7942−4956=2986
㉡ 5634−2745=2889
㉢ 8000−5016=2984
따라서 계산 결과가 가장 큰 것은 ㉠입니다.

9 [식] 2017−1998=19 [답] 19명

10 [식] 3927−1938=1989 [답] 1989명

189a~189b

1 (위에서부터) 5212, 3223, 3223, 5212
2 (위에서부터) 1899, 3456, 3456, 1899
3 (위에서부터) 4724, 9100, 9100, 4724
4 (위에서부터) 5464, 2777, 2777, 5464
5 7102
6 9013
7 8101
8 1838
9 647
10 7330
11 9011
12 789
13 2637
14 9122

190a~190b

1 5411, 8200
2 6566, 4787

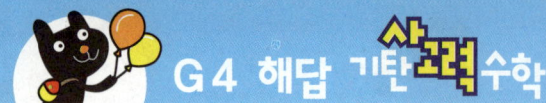
3 5377 **4** 7271
5 9301 **6** ㉠
7 4565 **8** 3602

191a~191b

1 6450
풀이 □＝1867＋2594＋1989＝6450

2 1889
풀이 □＝7055－3298－1868＝1889

3 1954
풀이 □＝3953＋4759－6758＝1954

4 7134
풀이 □＝4264－1987＋4857＝7134

5 ＞
풀이 2754＋3948＋1398＝8100
➡ 8100＞8000

6 ＜
풀이 7942－2984＋4349＝9307
➡ 9307＜9317

7 4284
풀이 5154＋2999－3869＝4284

8 ㉡
풀이 ㉠ 9054－3268－1887＝3899
㉡ 4282＋2949－3465＝3766
따라서 계산 결과가 더 작은 것은 ㉡입니다.

192a~192b

1 [식] 1448＋1864＋789＝4101
[답] 4101그루

2 [식] 4500－1756－1879＝865
[답] 865개

3 [식] 1015＋1998－1848＝1165
[답] 1165명

4 [식] 2045－1157＋1324＝2212
[답] 2212명

5 [식] 8756－3980－2890＝1886
[답] 1886원

6 [식] 2015－1239＋1758＝2534
[답] 2534개

7 [식] 1257＋1989－1368＝1878
[답] 1878명

8 3143장
풀이 (두 사람이 모은 우표 수)
＝1132＋1132＋879＝3143(장)

193a~193b 창의력 학습

a 감자, 고추
풀이 2가지 식품값은
5000－500＝4500(원)입니다.
(당근)＋(감자)
＝2100＋2600＝4700(원)
(당근)＋(고구마)
＝2100＋2800＝4900(원)
(당근)＋(고추)
＝2100＋1900＝4000(원)
(감자)＋(고구마)
＝2600＋2800＝5400(원)
(감자)＋(고추)
＝2600＋1900＝4500(원)
(고구마)＋(고추)
＝2800＋1900＝4700(원)
따라서 어머니께서 산 식품 2가지는 감자
와 고추입니다.

b (계산 순서대로) 2577, 4223, 4223
(계산 순서대로) 5195, 931, 931
[이유] 예 덧셈과 뺄셈이 섞여 있는 세 수
의 계산은 앞에서부터 차례로 계산해야 합
니다. 두 번째 방법은 뒤에 나오는
3549＋1646을 먼저 계산하였기 때문에
빼는 수가 커져서 계산 결과가 다르게 나
왔습니다.

194a~195b 경시대회 예상문제

1 1559, 5138
풀이 5318－3759＝1559
3759＋1379＝5138

2 (위에서부터) 3, 8, 5, 1

풀이 일의 자리 계산: $7+4=11$, $\square=1$
십의 자리 계산: $1+5+\square=14$, $\square=8$
백의 자리 계산: $1+9+5=15$, $\square=5$
천의 자리 계산: $1+\square+4=8$, $\square=3$

3 (위에서부터) 0, 5, 2, 7

풀이 일의 자리 계산: $10+\square-7=8$,
$\square=5$
십의 자리 계산: $10+3-1-5=\square$,
$\square=7$
백의 자리 계산: $10+\square-1-6=3$,
$\square=0$
천의 자리 계산: $7-1-\square=4$, $\square=2$

4 4456, 1988, 3657, 6125
또는 3657, 1988, 4456, 6125

풀이 계산 결과가 가장 크려면 가장 작은
수를 빼고 나머지 수들은 더하면 됩니다.
$4456-1988+3657=6125$
또는 $3657-1988+4456=6125$

5 111

풀이 $2634+577+4899=8110$
$8110<8000+\square$, $110<\square$
따라서 $\square$가 될 수 있는 가장 작은 세 자리
수는 111입니다.

6 9110

풀이 가장 큰 수: 7654
가장 작은 수: 1456
합: $7654+1456=9110$

7 0, 1, 2, 3, 4

풀이 $3896+177\square<5671$에서
$177\square<1775$이므로 $\square$는 5보다 작아야
합니다. 따라서 $\square=0, 1, 2, 3, 4$입니다.

8 7, 8, 9

풀이 $5040-1\square8<4872$에서
$168<1\square8$이므로 $\square$는 6보다 커야 합니다.
따라서 $\square=7, 8, 9$입니다.

9 784

풀이 $4647+\square-3682=1749$
$4647+\square=1749+3682$
$4647+\square=5431$
$\square=5431-4647=784$

10 8, 7

풀이 백의 자리에서 받아올림이 있을 때
천의 자리 계산: $1+5+1=7$, $\bullet=7$
일의 자리 계산: $\blacklozenge+9=17$, $\blacklozenge=8$
$5878+1899=7777$

11 4354

풀이 $649+\bigstar=\blacktriangle$, $649+\bigstar=4235$
$\bigstar=4235-649=3586$
$\bullet-768=\blacktriangle$, $\bullet-768=4235$
$\bullet=4235+768=5003$
$\bullet-\blacktriangle+\bigstar=5003-4235+3586$
$\qquad\qquad=4354$

12 6281

풀이 어떤 수를 $\square$라 하면
$\square+4239=6227$
$\square=6227-4239=1988$
따라서 바르게 계산하면
$1988+4293=6281$입니다.

13 899개

풀이 (오늘 딴 감의 수)
$\quad=2815-1857=958$(개)
따라서 오늘은 어제보다 $1857-958$
$=899$(개) 더 적게 땄습니다.

14 (수희의 통장에 있는 돈)
$=$(지현이의 통장에 있는 돈)$+1635$
$=4986+1635=6621$(원)
(철호의 통장에 있는 돈)
$=$(수희의 통장에 있는 돈)-873
$=6621-873=5748$(원)
[답] 5748원

평가 기준	
상	식을 바르게 세우고 답을 바르게 구한 경우
중	식은 바르게 세웠으나 계산을 잘못하여 답이 틀린 경우
하	풀이 과정과 답을 구하지 못한 경우

15 어떤 수를 $\square$라 하면
$\square-989+1957=4816$
$\square=4816-1957+989=3848$
따라서 바르게 계산하면
$3848+989-1957=2880$입니다.
[답] 2880

평가 기준	
상	어떤 수를 구하고 답을 바르게 구한 경우
중	어떤 수를 구하는 것은 알지만 계산을 잘못하여 답이 틀린 경우
하	풀이 과정과 답을 구하지 못한 경우

196a~196b

1 (1) 9 (2) 3, 3 (3) 2, 3, 6 (4) 639
2 300, 90, 6 / 396
3 800, 40, 8 / 848
4 242　　　　5 777
6 963　　　　7 884
8 639　　　　9 488
10 868　　　　11 993

197a~197b

1 442　　　　2 369
3 228　　　　4 484
5 >
　풀이 $113 \times 3 = 339$, $122 \times 2 = 244$
　➡ $339 > 244$
6 =
　풀이 $211 \times 4 = 844$, $422 \times 2 = 844$
　➡ $844 = 844$
7 936
　풀이 $312 + 312 + 312 = 312 \times 3 = 936$
8
	×→	
123	2	246
3	332	996
369	664	

9 ㉡
　풀이 ㉠ $132 \times 3 = 396$
　㉡ $244 \times 2 = 488$ ㉢ $112 \times 4 = 448$
　따라서 곱이 가장 큰 것은 ㉡입니다.
10 [식] $324 \times 2 = 648$ [답] 648개

198a~198b

1 (위에서부터) 20, 280, 1200, 1500
2 (위에서부터)
　45, 5, 300, 60, 1000, 5, 1345
3 (위에서부터)
　56, 7, 210, 30, 2800, 400, 3066
4 (위에서부터)
　36, 6, 480, 80, 4200, 6, 4716
5 (위에서부터) 1, 1, 1396
6 (위에서부터) 2, 3, 4272
7 876　　　　8 1620
9 1674　　　　10 6858
11 1944　　　　12 4795
13 4230　　　　14 3504

199a~199b

1 $647 \times 6 = 3882$
2 1536　　　　3 7344
4
5 552, 3864
6 ㉢
　풀이 $468 \times 4 = 1872$
　㉠ $634 \times 3 = 1902$ ㉡ $926 \times 2 = 1852$
　㉢ $312 \times 6 = 1872$
　따라서 계산 결과가 같은 것은 ㉢입니다.
7 [식] $225 \times 7 = 1575$ [답] 1575장
8 [식] $679 \times 8 = 5432$ [답] 5432원

200a~200b

1 15, 15　　　　2 12, 12
3 28, 28　　　　4 18, 18
5 48, 48　　　　6 36, 36
7 800　　　　8 3000
9 2700　　　　10 3200

11 2000
12 4200
13 600
14 1800

201a~201b

1 300, 600, 1200, 1800, 2400
/ 500, 2000, 3000, 4000
/ 700, 1400, 4200, 5600
/ 900, 1800, 3600, 7200

2 2100
3 2400
4 1600
5 4500

6
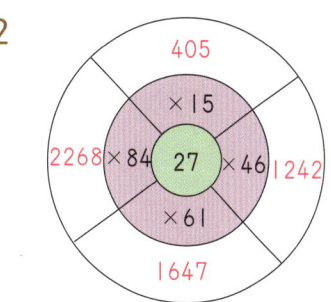

7 ⓒ, ㉠, ㉡
풀이 ㉠ 30×50＝1500
㉡ 70×20＝1400 ⓒ 40×40＝1600
따라서 ⓒ＞㉠＞㉡입니다.

8 [식] 30×60＝1800 [답] 1800개

202a~202b

1 46, 46
2 138, 138
3 148, 148
4 312, 312
5 448, 448
6 445, 445
7 190
8 1080
9 3680
10 5740
11 1710
12 2520
13 2280
14 7740

203a~203b

1 680, 1560, 2480

2
×	48	30	1440
×	70	53	3710
	3360	1590	

3 <

4 ＞
풀이 67×30＝2010, 22×90＝1980
➡ 2010＞1980

5 (   )(   )(○)
풀이 51×40＝2040, 97×30＝2910,
46×70＝3220
따라서 두 수의 곱이 3000보다 큰 것은
46×70＝3220입니다.

6 1320
풀이 66×20＝1320

7 [식] 25×70＝1750 [답] 1750개

8 [식] 45×30＝1350 [답] 1350번

204a~204b

1 14, 420, 434
2 87, 1160, 1247
3 282, 2820, 3102
4 116, 4060, 4176
5 344, 4300, 4644
6 480, 7680, 8160
7 884
8 1003
9 2795
10 5402
11 812
12 1980
13 1856
14 3696

205a~205b

1 864, 1908, 2808

2
원 안쪽: ×15 / ×84 / 27 / ×46 / ×61
405
2268 ×84 27 ×46 1242
1647

3 ＞
풀이 43×28＝1204, 35×34＝1190
➡ 1204＞1190

4 <

풀이 $51 \times 76 = 3876$, $57 \times 69 = 3933$
➡ $3876 < 3933$

5

$$\begin{array}{r} 4\ 2 \\ \times\ 3\ 7 \\ \hline 2\ 9\ 4 \\ 1\ 2\ 6\quad \\ \hline 1\ 5\ 5\ 4 \end{array}$$

[이유] 예 $42 \times 30 = 1260$이므로
$42 \times 3 = 126$을 십의 자리부터 자리를 맞추어 써야 되는데 일의 자리부터 썼습니다.

6 46

풀이 ㉠ $38 \times 76 = 2888$
㉡ $29 \times 98 = 2842$
㉠－㉡$= 2888 - 2842 = 46$

7 [식] $52 \times 24 = 1248$ [답] 1248개

206a~206b

1 (1) 7년은 모두 며칠인지 구하려고 합니다.
(2) 1년은 365일입니다.
(3) $365 \times 7 = 2555$ (4) 2555일

2 [식] $143 \times 7 = 1001$ [답] 1001개

3 [식] $40 \times 28 = 1120$ [답] 1120번

4 [식] $18 \times 37 = 666$ [답] 666cm

5 [식] $24 \times 35 = 840$ [답] 840개

6 [식] $54 \times 95 = 5130$ [답] 5130개

207a~207b

1 [식] $12 \times 46 = 552$ [답] 552자루

2 1950원

풀이 $10 \times 20 + 50 \times 35 = 1950$(원)

3 888쪽

4 450개

풀이 4월은 30일까지 있습니다.
(만들 수 있는 종이학 수)
$= 15 \times 30 = 450$(개)

5 800개

풀이 (사탕 수)$= 128 \times 6 + 32 = 800$(개)

6 규연이네, 236개

풀이 (윤지네 가족이 딴 밤 수)
$= 246 \times 9 = 2214$(개)
(규연이네 가족이 딴 밤 수)
$= 98 \times 25 = 2450$(개)
따라서 규연이네 가족이 밤을
$2450 - 2214 = 236$(개) 더 많이 땄습니다.

208a~208b 창의력 학습

a 60, 70, 50

풀이 (짱)$\times 40 = 2000$, (짱)$= 50$
(탄)$\times 40 = 2800$, (탄)$= 70$
(기)$\times 70 = 4200$, (기)$= 60$

b $23 \times 64 = 32 \times 46$, $24 \times 63 = 42 \times 36$
/ $46 \times 96 = 64 \times 69$

209a~210b 경시대회 예상문제

1 8

풀이 같은 숫자끼리 곱해서 일의 자리 숫자가 4인 것은 $2 \times 2 = 4$, $8 \times 8 = 64$입니다. $222 \times 2 = 444$, $888 \times 8 = 7104$이므로 □$= 8$입니다.

2 6

풀이 $79 \times 50 = 3950$, $79 \times 60 = 4740$
이므로 □ 안에 들어갈 수 있는 가장 작은 수는 6입니다.

3 20

풀이 $35 \times 24 = 840$이므로 $42 \times$□$= 840$입니다. $42 \times 2 = 84$이므로
$42 \times 20 = 840$입니다. 따라서 □$= 20$입니다.

4 (위에서부터) 2, 2, 6, 8

풀이
$$\begin{array}{r} 3\ ㉠ \\ \times\ ㉡\ 8 \\ \hline 2\ 5\ 6 \\ ㉢\ 4\quad \\ \hline ㉣\ 9\ 6 \end{array}$$

3㉠$\times 8 = 256$에서 $30 \times 8 = 240$이므로
㉠$\times 8 = 16$, ㉠$= 2$입니다.
$32 \times$㉡$=$㉢4에서 $2 \times$㉡의 일의 자리 숫자가 4이므로 ㉡은 2 또는 7입니다.

따라서 $32 \times 2 = 64$, $32 \times 7 = 224$이므로 ⓒ=2, ⓒ=6입니다.
$256 + 640 = 896$에서 ⓔ=8입니다.

5 (위에서부터) 9, 8, 6, 4

풀이
$$\begin{array}{r} ㉠\,5 \\ \times \quad 7\,㉡ \\ \hline 7\,6\,0 \\ 6\,㉢\,5 \\ \hline 7\,㉣\,1\,0 \end{array}$$

㉠5$\times$7=6㉢5이므로 ㉠=9입니다.
$95 \times 7 = 665$이므로 ㉢=6입니다.
$95 \times ㉡ = 760$, $95 \times 8 = 760$이므로
㉡=8입니다.
$760 + 6650 = 7410$이므로 ㉣=4입니다.

6 4116

풀이 어떤 수를 ☐라고 하면
☐$+84=133$에서 ☐$=49$입니다.
따라서 바르게 계산하면
$49 \times 84 = 4116$입니다.

7 (위에서부터) 3, 6, 8

풀이
$$\begin{array}{r} ㉠\,㉡ \\ \times \quad 5\,㉢ \\ \hline 2\,0\,8\,8 \end{array}$$

㉠$\times$5의 천의 자리가 2이므로 3, 6, 8 중에서 ㉠=3입니다. $36 \times 58 = 2088$,
$38 \times 56 = 2128$이므로 ㉡=6, ㉢=8입니다.

8 1, 2, 3, 4

풀이 $29 \times 67 = 1943$
$485 \times 1 = 485 < 1943$
$485 \times 2 = 970 < 1943$
$485 \times 3 = 1455 < 1943$
$485 \times 4 = 1940 < 1943$
$485 \times 5 = 2425 > 1943$
따라서 ☐ 안에 알맞은 수는 1, 2, 3, 4입니다.

9 15명씩 20줄로 세우려면 학생 수는
$15 \times 20 = 300$(명)이어야 하는데 13명이
부족하므로 운동장에 있는 학생 수는
$300 - 13 = 287$(명)입니다.
[답] 287명

평가 기준	
상	식을 바르게 세우고 답을 바르게 구한 경우
중	식을 바르게 세웠으나 계산을 잘못하여 답이 틀린 경우
하	풀이 과정과 답을 구하지 못한 경우

10 4032개
풀이 (하루에 생산되는 물건의 양)
$= 12 \times 8 \times 6 = 576$(개)
(일주일 동안 생산되는 물건의 양)
$= 576 \times 7 = 4032$(개)

11
$$\begin{array}{r} 4\,6\,8 \\ \times \quad \quad 2 \\ \hline 9\,3\,6 \end{array}$$

풀이 곱이 가장 작은 (세 자리 수)$\times$(한 자리 수)는 곱하는 수에 가장 작은 숫자를 놓고, 곱해지는 수는 나머지 숫자 카드로 가장 작은 세 자리 수를 만들어 곱을 구합니다.

12
$$\begin{array}{r} 8\,6\,4 \\ \times \quad \quad 9 \\ \hline 7\,7\,7\,6 \end{array}$$

풀이 곱이 가장 큰 (세 자리 수)$\times$(한 자리 수)는 곱하는 수에 가장 큰 숫자를 놓고, 곱해지는 수는 나머지 숫자 카드로 가장 큰 세 자리 수를 만들어 곱을 구합니다.

13 (두 자리 수)$\times$(두 자리 수)의 곱을 크게 만들려면 두 수의 십의 자리 숫자가 커야 합니다. 십의 자리에 7 또는 5를 넣어 두 자리 수를 만들면 7☐, 5☐이고
$74 \times 53 = 3922$, $73 \times 54 = 3942$에서 곱이 가장 큰 곱셈식은 $73 \times 54 = 3942$ 또는 $54 \times 73 = 3942$입니다.
[답] $73 \times 54 = 3942$
또는 $54 \times 73 = 3942$

평가 기준	
상	식을 바르게 세우고 답을 바르게 구한 경우
중	식을 바르게 세웠으나 계산을 잘못하여 답이 틀린 경우
하	풀이 과정과 답을 구하지 못한 경우

211a~211b

1 원 **2** 커집니다.

3 원의 중심

4
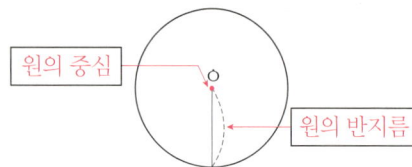

5 점 ㄴ

1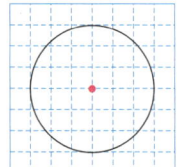

2 1개

3 ㄴ

4 5cm

5 예
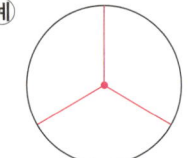

6 예 , 2cm
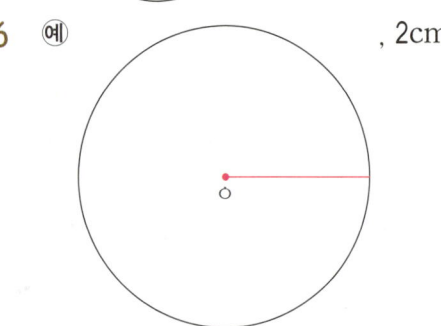

1 ㄷ   **2** ㄷ, ㄱ, ㄴ

3 2cm

4
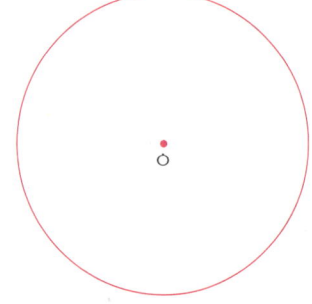

5
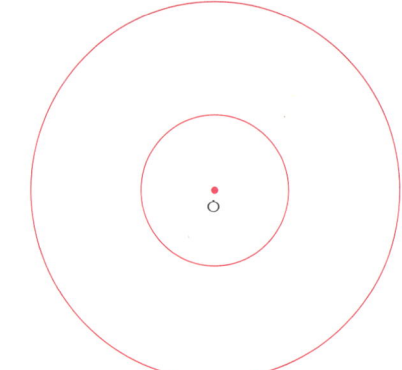

6
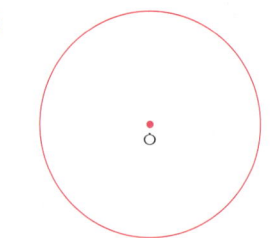

1 선분 ㄷㄹ   **2** 선분 ㅁㅂ

3 7cm

4 예
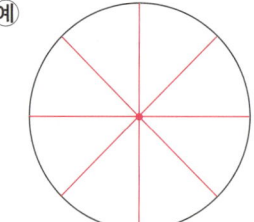

5
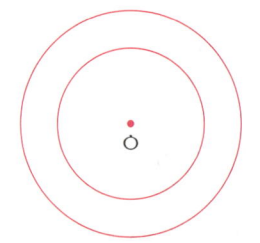

1 같습니다에 ○표

2 같습니다에 ○표

3 ㄱ 2cm, ㄴ 2cm, ㄷ 2cm

4 ㄱ 4cm, ㄴ 4cm, ㄷ 4cm

5 예 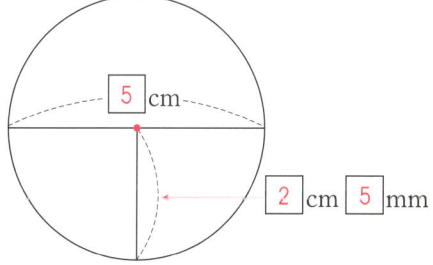, 같습니다.

6 예 , 같습니다.

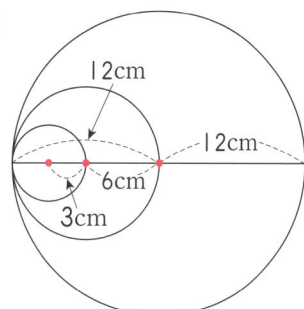

216a~216b

1 5 **2** 8

3 12 **4** 5

5 8 **6** 7

7 4cm, 2cm **8** 6cm, 3cm

9

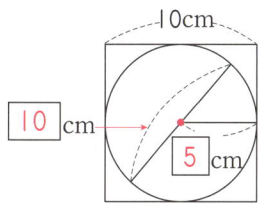

10 8cm

217a~217b

1 6

풀이 정사각형의 한 변의 길이는 원의 지름과 같으므로 $3 \times 2 = 6$(cm)입니다.

2 6cm

풀이 정사각형의 한 변의 길이는 원의 지름과 같으므로 원의 지름은 12cm이고, 반지름은 $12 \div 2 = 6$(cm)입니다.

3

풀이 원의 지름은 정사각형의 한 변의 길이와 같으므로 원의 지름은 10cm이고, 반지름은 $10 \div 2 = 5$(cm)입니다.

4 ㉢

풀이 지름으로 고쳐서 비교해 봅니다.
㉠ 지름이 8cm인 원
㉡ 지름이 3cm인 원
㉢ 지름이 10cm인 원
㉣ 지름이 9cm인 원
따라서 가장 큰 원은 ㉢입니다.

5 5cm

풀이 큰 원의 지름은 $2+6+2=10$(cm)이므로 반지름은 $10 \div 2 = 5$(cm)입니다.

6 3cm

풀이

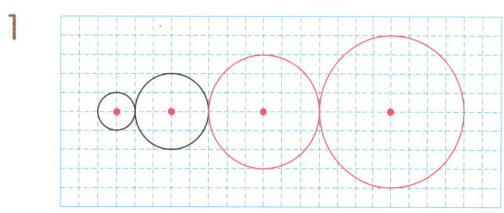

218a~218b

1

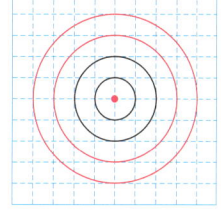

2   **3** 가

4 4군데

풀이

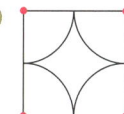

5

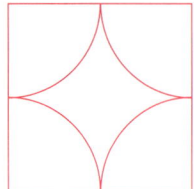

6 2개

 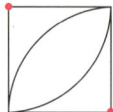

1 ㉡

2 4개

 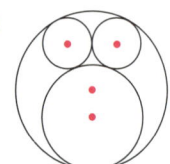

3

4 3군데

 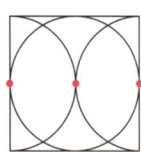

5 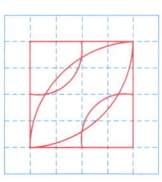 **6**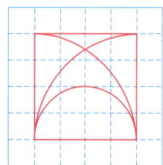

1 12cm

풀이 선분 ㄱㄴ의 길이는 원의 반지름의 4배이므로 선분 ㄱㄴ의 길이는 3×4＝12(cm)입니다.

2 (1) 2cm (2) 6배 (3) 12cm

3 21cm

풀이 원의 반지름은 6÷2＝3(cm)입니다. 선분 ㄱㅇ의 길이는 원의 반지름의 7배이므로 선분 ㄱㅇ의 길이는 3×7＝21(cm)입니다.

4 6cm

풀이 선분 ㄱㄴ의 길이는 원의 지름의 3배입니다. 따라서 원의 지름은 18÷3＝6(cm)입니다.

5 4cm

풀이 큰 원의 지름은 작은 원의 반지름의 4배입니다. 따라서 작은 원의 반지름은 16÷4＝4(cm)입니다.

1 (1) 3배 (2) 8배 (3) 4cm

2 20cm

풀이 정사각형의 한 변의 길이는 원의 지름의 2배입니다. 따라서 원의 지름은 40÷2＝20(cm)입니다.

3 48cm

풀이 직사각형의 세로는 원의 지름과 길이가 같으므로 3×2＝6(cm), 직사각형의 가로는 원의 반지름의 6배이므로 3×6＝18(cm)입니다.
따라서 직사각형의 네 변의 길이의 합은 18＋6＋18＋6＝48(cm)입니다.

4 80cm

풀이 원의 지름은 5×2＝10(cm)입니다. 정사각형의 한 변의 길이는 원의 지름의 2배이므로 10×2＝20(cm)입니다.
따라서 정사각형의 네 변의 길이의 합은 20＋20＋20＋20＝80(cm)입니다.

5 32cm

풀이 정사각형의 한 변의 길이는 원의 지름의 길이와 같습니다. 따라서 정사각형의 네 변의 길이의 합은 8＋8＋8＋8＝32(cm)입니다.

222a~222b

1 (1) 6배 (2) 4cm

2 15cm

풀이 원의 반지름은 삼각형 ㄷㄹㅁ의 한 변의 길이와 같습니다. 삼각형 ㄷㄹㅁ의 한 변의 길이는 15÷3=5(cm)입니다. 따라서 선분 ㄱㄴ의 길이는 반지름의 3배이므로 5×3=15(cm)입니다.

3 5cm

풀이 큰 원의 지름은 작은 원의 반지름의 4배이므로 작은 원의 반지름은 20÷4=5(cm)입니다.

4 12cm

풀이 원의 반지름은 (21−9)÷2=6(cm)입니다. 따라서 원의 지름은 6×2=12(cm)입니다.

5 18cm

풀이 3+3+6+6=18(cm)

223a~223b　창의력 학습

a 7cm, 4cm

풀이 상자의 세로에서 국 그릇의 반지름의 6배가 42cm이므로 국 그릇의 반지름은 42÷6=7(cm)입니다. 상자의 가로에서 국 그릇의 반지름의 6배와 밥 그릇의 반지름의 4배가 58cm이므로 밥 그릇의 반지름은 (58−42)÷4=4(cm)입니다.

b 120cm

풀이 삼각형 ㄱㄴㄷ의 세 변의 길이의 합은 원의 지름의 12배이므로 10×12=120(cm)입니다.

224a~225b　경시대회 예상문제

1 5군데

풀이

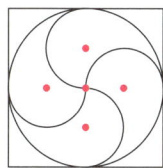

2 9cm

풀이 선분 ㄱㄴ, ㄴㄷ, ㄷㄹ, ㄱㄹ은 원의 반지름이므로 길이가 모두 같습니다. 따라서 원의 반지름은 36÷4=9(cm)입니다.

3 7cm

풀이 가장 큰 원의 지름은 2+2+5+5=14(cm)입니다. 따라서 가장 큰 원의 반지름은 14÷2=7(cm)입니다.

4 9cm

풀이 선분 ㄱㄴ의 길이는 12÷4=3(cm)입니다. 선분 ㄱㄹ의 길이는 선분 ㄱㄴ의 길이의 3배이므로 3×3=9(cm)입니다.

5 54cm

풀이 직사각형 ㄱㄴㄷㄹ의 네 변의 길이의 합은 원의 반지름의 6배입니다. 따라서 직사각형 ㄱㄴㄷㄹ의 네 변의 길이의 합은 9×6=54(cm)입니다.

6 16cm

풀이 5+8+3=16(cm)

7 108cm

풀이 원의 반지름은 12÷2=6(cm)입니다. 직사각형 ㄱㄴㄷㄹ의 네 변의 길이의 합은 원의 반지름의 18배이므로 6×18=108(cm)입니다.

8 42cm

풀이 선분 ㄱㄷ의 길이는 14cm, 선분 ㄴㄷ의 길이는 10cm입니다. 선분 ㄱㄴ의 길이는 큰 원과 작은 원의 반지름의 길이의 합에서 6cm를 뺀 길이와 같으므로 14+10−6=18(cm)입니다. 따라서 삼각형 ㄱㄴㄷ의 세 변의 길이의 합은 14+10+18=42(cm)입니다.

9 13개

풀이 원을 한 개씩 그릴 때마다 길이는 원의 반지름만큼 늘어납니다. 따라서 원의 개수는 (56−4)÷4=13(개)입니다.

10 (사각형 ㄱㄴㄷㄹ의 네 변의 길이의 합)
=(변 ㄱㄴ의 길이)+(변 ㄴㄷ의 길이)
　+(변 ㄷㄹ의 길이)+(변 ㄹㄱ의 길이)
=2+4+4+3+3+5+5+2=28(cm)
[답] 28cm

평가 기준

상	네 변의 길이의 합을 구하는 풀이 과정과 답을 바르게 구한 경우
중	네 변의 길이의 합은 각 원의 지름의 합인 것을 알지만 계산을 잘못하여 답이 틀린 경우
하	풀이 과정과 답을 구하지 못한 경우

11 그림은 반지름이 4cm인 원 2개와 반지름이 2cm인 원 2개입니다.
(선분 ㅁㅇ의 길이)
=(큰 원의 반지름)+(작은 원의 지름)
　+(큰 원의 지름)+(작은 원의 반지름)
=4+4+8+2=18(cm)
[답] 18cm

평가 기준

상	각 원의 반지름과 지름을 알고 풀이 과정과 답을 바르게 구한 경우
중	각 원의 반지름과 지름은 알지만 계산을 잘못하여 답이 틀린 경우
하	풀이 과정과 답을 구하지 못한 경우

226a~229b

1　6221　　2　5216

3　8250　　4　2628

5　8321, 9050　　6　3785

7　8255, 2279

8　<
풀이 $1874+3467=5341$
$8007-2349=5658$
➡ $5341<5658$

9　(계산 순서대로) 4603, 8401, 8401

10　(계산 순서대로) 4447, 1768, 1768

11　1675　　12　8122

13　7421

14　7041
풀이 $\square-2873=4168$
$\square=4168+2873=7041$

15　ⓒ
풀이 ㉠ $8000-4999=3001$
ⓛ $1984+1118=3102$

ⓒ $5562-2673=2889$
따라서 계산 결과가 3000보다 작은 것은 ⓒ입니다.

16　5487, 3678
풀이 두 수의 합의 천의 자리 숫자가 9이므로 천의 자리는 5와 3을 더해야 합니다.
$3978+5487=9465$
$5487+3678=9165$

17　8014, 3789, 4225
풀이 두 수의 차가 가장 크게 되려면 가장 큰 수에서 가장 작은 수를 빼야 합니다.
$8014-3789=4225$

18　2844
풀이 $6000-\square>3255$에서 $\square$는 2845보다 작아야 합니다. 따라서 $\square$ 안에 들어갈 가장 큰 수는 2844입니다.

19　288
풀이 $7124-3837-2999=288$

20　1796
풀이 $3746+1668+\square=7210$
$5414+\square=7210$
$\square=7210-5414=1796$

21　2199m
풀이 (ⓛ에서 ⓒ까지의 거리)
=$3256+5847-6904$
=2199(m)

22　ⓛ
풀이 ㉠ $4465+2677-2364=4778$
ⓛ $9352-1768-1697=5887$
ⓒ $6035-2987+1999=5047$
따라서 계산 결과가 가장 큰 것은 ⓛ입니다.

23　4086
풀이 가장 큰 수: 9765
가장 작은 수: 5679
차: $9765-5679=4086$

24　[식] $3728+1896=5624$ [답] 5624가구

25　[식] $8000-5875=2125$ [답] 2125석

26　8721명
풀이 (축구장에 입장한 사람 수)
=$3468+3468+1785=8721$(명)

27 1965개

풀이 (내일 생산해야 할 무의 수)
= 4000 − 1057 − 978 = 1965(개)

28 2460원

풀이 (진서가 내기로 한 돈)
= 4150 − 1260 = 2890(원)
(영주가 내야할 돈)
= 9500 − 2890 − 4150 = 2460(원)

230a~233b

1 696

2 842

3 195, 195

4 2732

5 1824

6 $793 \times 5 = 3965$

7 1200, 2400, 3600

8 1470

9 1792

10 >

풀이 $468 \times 6 = 2808$, $31 \times 90 = 2790$
➡ 2808 > 2790

11

⊗→		
57	60	3420
19	78	1482
1083	4680	

12

```
        5 3
    ×   2 8
    ─────────
      4 2 4
    1 0 6
    ─────────
    1 4 8 4
```

[이유] 예 53×8에서 $3 \times 8 = 24$의 올림한 수 2를 더하지 않았습니다.

13 986, 6902

풀이 $29 \times 34 = 986$, $986 \times 7 = 6902$

14 ㉡

풀이 $30 \times 60 = 1800$
㉠ $48 \times 40 = 1920$ ㉡ $225 \times 8 = 1800$
㉢ $65 \times 26 = 1690$
따라서 계산 결과가 같은 것은 ㉡입니다.

15 ㉠, ㉢, ㉡

풀이 ㉠ $30 \times 90 = 2700$
㉡ $84 \times 32 = 2688$ ㉢ $385 \times 7 = 2695$
따라서 ㉠ > ㉢ > ㉡입니다.

16 7

풀이 $49 \times 60 = 2940$, $49 \times 70 = 3430$
이므로 □ 안에 들어갈 수 있는 가장 작은 수는 7입니다.

17 (위에서부터) 3, 5, 5, 7

풀이
```
      ㉠ 2
    ×   8 ㉡
    ─────────
      1 6 0
    2 ㉢ 6
    ─────────
    2 ㉣ 2 0
```

㉠2 × 8 = 2㉢6에서 8과 곱해서 십의 자리 숫자가 2가 되는 경우는 3이므로 ㉠ = 3입니다.
$32 \times 8 = 256$이므로 ㉢ = 5입니다.
$32 \times ㉡ = 160$, $32 \times 5 = 160$이므로 ㉡ = 5입니다.
$160 + 2560 = 2720$이므로 ㉣ = 7입니다.

18 [식] $234 \times 7 = 1638$ [답] 1638개

19 [식] $15 \times 40 = 600$ [답] 600개

20 [식] $38 \times 62 = 2356$ [답] 2356cm

21 [식] $357 \times 3 = 1071$ [답] 1071장

22 1080자루

풀이 (한 상자에 들어 있는 연필 수)
= $10 \times 12 = 120$(자루)
(9상자에 들어 있는 연필 수)
= $120 \times 9 = 1080$(자루)

23 2395번

풀이 $16 \times 70 + 15 \times 85 = 2395$(번)

24 2655

풀이 어떤 수를 □라 하면
□ + 59 = 104, □ = 104 − 59 = 45
따라서 바르게 계산하면 $45 \times 59 = 2655$
입니다.

25 효성, 240m

풀이 (효성이가 1시간 동안 걷는 거리)
= $73 \times 60 = 4380$(m)
(지민이가 1시간 동안 걷는 거리)
= $69 \times 60 = 4140$(m)
따라서 1시간 동안 효성이가
4380 − 4140 = 240(m) 더 많이 걷습니다.

26 348쪽

풀이 2주일은 14일입니다.
(전체 동화책 쪽수)
＝24×14＋12＝348(쪽)

234a~237b

1

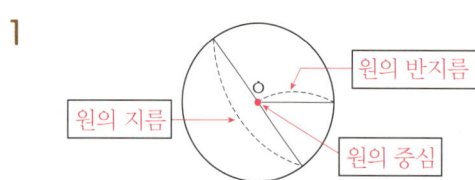

원의 반지름
원의 지름
원의 중심

2 4cm　　　　**3** 8cm

4 예

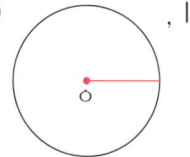

, 1cm

5 ㉢, ㉠, ㉡

6

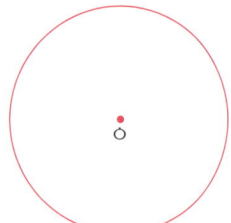

7 ㉢
8 5
9 12
10 14cm
11 3cm

12 ㉣

풀이 지름으로 고쳐서 비교해 봅니다.
㉠ 지름이 7cm인 원
㉡ 지름이 8cm인 원
㉢ 지름이 10cm인 원
㉣ 지름이 14cm인 원
따라서 가장 큰 원은 ㉣입니다.

13 6cm

풀이 가장 큰 원의 지름은
4＋4＋4＝12(cm)입니다. 따라서 가장
큰 원의 반지름은 12÷2＝6(cm)입니다.

14

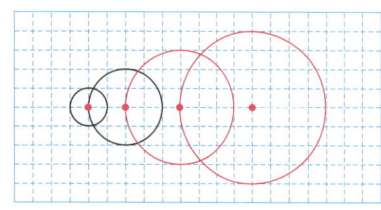

---

15 ㉡

풀이 ㉠ 3개　㉡ 5개　㉢ 4개

16

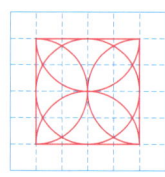

17 20cm

18 48cm

풀이 직사각형의 가로는 원의 지름의 3배
이므로 6×3＝18(cm)입니다.
직사각형의 네 변의 길이의 합은
6＋18＋6＋18＝48(cm)입니다.

19

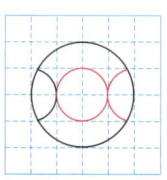

, 8cm

풀이 (큰 원의 지름)＝2×4＝8(cm)

20 35cm

풀이 원의 반지름은 10÷2＝5(cm)입니
다. 선분 ㄱㄴ의 길이는 원의 반지름의 7
배입니다. 따라서 선분 ㄱㄴ의 길이는
5×7＝35(cm)입니다.

21 6cm

풀이 삼각형의 세 변의 길이의 합은 원의
반지름의 6배이므로 원의 반지름은
36÷6＝6(cm)입니다.

22 16개

풀이 원의 지름은 4cm입니다. 정사각형
의 한 변에 16÷4＝4(개)씩 그릴 수 있습
니다. 따라서 4×4＝16(개)까지 그릴 수
있습니다.

23 18cm

풀이 가장 큰 원의 지름은 세 번째로 큰
원의 지름과 두 번째로 큰 원의 지름의 합
입니다. 따라서 2＋2＋2＋2＋5＋5
＝18(cm)입니다.

24 44cm

풀이 (사각형 ㄱㄴㄷㄹ의 네 변의 길이의
합)＝(변 ㄱㄴ의 길이)＋(변 ㄴㄷ의 길

이)+(변 ㄷㄹ의 길이)+(변 ㄹㄱ의 길이)
=10+10+12+12=44(cm)

25 84cm

풀이 원의 반지름 3개가 모인 길이가 18cm이므로 원의 반지름은 18÷3=6(cm)입니다. 직사각형의 가로는 원의 반지름의 5배이므로 6×5=30(cm)입니다. 직사각형의 세로는 원의 반지름의 2배이므로 6×2=12(cm)입니다.
따라서 직사각형의 네 변의 길이의 합은 30+12+30+12=84(cm)입니다.

238a~238b 창의력 학습

a (1) (쌀밥, 오뎅국, 제육볶음)
(2) (돌솥밥, 된장국, 생선구이)
(돌솥밥, 북어국, 계란말이)
(3) 3가지

b 68m

풀이 6+6+2+2+7+7+16+3+3+8+8=68(m)

239a~240b 경시대회 예상문제

1 (위에서부터) 4, 8, 1, 4

풀이 일의 자리 계산: 9+5=14, □=4
십의 자리 계산: 1+3+□=12, □=8
백의 자리 계산: 1+6+4=11, □=1
천의 자리 계산: 1+□+3=8, □=4

2 6198

풀이 가장 큰 수: 7654
가장 작은 수: 1456
차: 7654−1456=6198

3 0, 1, 2, 3, 4, 5, 6, 7

풀이 2986+303□<6024에서 303□<3038이므로 □는 8보다 작아야 합니다.
따라서 □=0, 1, 2, 3, 4, 5, 6, 7입니다.

4 어떤 수를 □라 하면 □−5397=1846
□=1846+5397=7243
따라서 바르게 계산하면 7243−5379=1864입니다.
[답] 1864

평가 기준	
상	어떤 수를 구하고 답을 바르게 구한 경우
중	어떤 수를 구하는 것은 알지만 계산을 잘못하여 답이 틀린 경우
하	풀이 과정과 답을 구하지 못한 경우

5 6

풀이 같은 숫자끼리 곱해서 일의 자리 숫자가 6인 것은 4×4=16, 6×6=36입니다. 444×4=1776, 666×6=3996이므로 □=6입니다.

6 8

풀이 59×70=4130, 59×80=4720이므로 □ 안에 들어갈 수 있는 가장 작은 수는 8입니다.

7 사과를 48개씩 65상자를 만들면 사과 수는 48×65=3120(개)입니다.
23개가 남았으므로 전체 사과 수는 3120+23=3143(개)입니다.
[답] 3143개

평가 기준	
상	식을 바르게 세우고 답을 바르게 구한 경우
중	식을 바르게 세웠으나 계산을 잘못하여 답을 틀린 경우
하	풀이 과정과 답을 구하지 못한 경우

8

$$\begin{array}{r} 9\,1 \\ \times\ 7\,3 \\ \hline 6\,6\,4\,3 \end{array}$$ 또는 $$\begin{array}{r} 7\,3 \\ \times\ 9\,1 \\ \hline 6\,6\,4\,3 \end{array}$$

9 18cm

풀이 가장 큰 원의 지름은 작은 원의 반지름의 3배이므로 12×3=36(cm)입니다.
따라서 가장 큰 원의 반지름은 36÷2=18(cm)입니다.

10 12cm

풀이 사각형 ㄱㄴㄷㄹ과 ㅅㄹㅁㅂ의 네 변의 길이의 합은 원의 반지름의 8배이므로 원의 반지름은 48÷8=6(cm)입니다.
따라서 지름은 6×2=12(cm)입니다.

11 14개

풀이 원을 한 개씩 그릴 때마다 길이는 원의 반지름만큼 늘어납니다. 따라서 원의

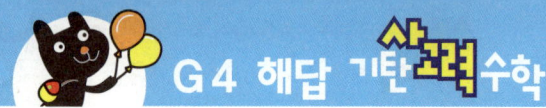
개수는 (60－4)÷4=14(개)입니다.

12 224cm

풀이 정사각형의 한 변의 길이는 큰 원의 지름과 같으므로 14×4=56(cm)입니다. 따라서 정사각형의 네 변의 길이의 합은 56+56+56+56=224(cm)입니다.

G4 성취도 테스트

1 8211, 6817

2 <
　풀이 1645+2368=4013
2954+1367=4321 ➡ 4013<4321

3 >
　풀이 8543－3654=4889
7315－2618=4697 ➡ 4889>4697

4 2428
　풀이 □=5216+1895－4683=2428

5 5966, 3865
　풀이 9124－3158=5966
7023－3158=3865

6 [식] 8650－5759=2891 [답] 2891명

7 3757m
　풀이 (은수가 어제와 오늘 달린 거리)
　　　=1755+1755+247=3757(m)

8 8046
　풀이 가장 큰 수: 9541
두 번째로 작은 수: 1495
차: 9541－1495=8046

9
72	50	3600
36	49	1764
2592	2450	

10 ①, ③

11 ⓒ, ⓔ, ⓒ, ㉠
　풀이 ㉠ 123×5=615

ⓛ 53×26=1378
ⓒ 268×4=1072
ⓔ 78×16=1248
따라서 ⓛ>ⓔ>ⓒ>㉠입니다.

12 [식] 132×8=1056 [답] 1056가구

13 650원
　풀이 (과자값)=450×3=1350(원)
(거스름돈)=2000－1350=650(원)

14 (위에서부터) 8, 3, 8, 9

　풀이
```
        2  ㉠
   ×    ㉡  4
   ─────────
      1  1  2
   ㉢  4
   ─────────
   ㉣  5  2
```

2㉠×4=112이므로 ㉠=8입니다.
28×㉡=㉢4이므로 ㉡=3입니다.
28×3=84이므로 ㉢=8입니다.
112+840=952이므로 ㉣=9입니다.

15 ㉠

16 4cm
　풀이 원의 지름은 정사각형의 한 변의 길이와 같으므로 8cm입니다. 따라서 반지름은 8÷2=4(cm)입니다.

17 4군데
　풀이
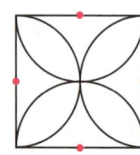

18 8cm
　풀이 (가장 큰 원의 지름)
　　　=5+5+3+3=16(cm)
(가장 큰 원의 반지름)=16÷2=8(cm)

19 24cm
　풀이 선분 ㄱㄴ의 길이는 원의 지름의 4배이므로 6×4=24(cm)입니다.

20 7cm
　풀이 직사각형의 네 변의 길이의 합은 원의 지름의 8배입니다. 따라서 원의 지름은 56÷8=7(cm)입니다.